U0142747

超圖解

創新戰略管理

產品力＋戰略力＋營運力創新→創造營收、業績提升
→創造公司更高價值＝成功的創新

戴國良 博士 著

創新是不斷學習、試誤、累積，最後成功的過程。

五南圖書出版公司 印行

作者序言

一、撰寫本書的 3 大原因

本書經過 6 個月辛苦撰寫，終於完成，也向我的「知識人生」完成一項艱難的任務與向後代傳承我所知道有關「創新知識領域」的應盡責任及使命。辛苦撰寫本書，緣起於 3 大原因：

（一）見證國內知名成功企業，都非常重視創新議題

作者本人 30 多年來，每天都在看國內財經商業雜誌、財經報紙、財經新聞台、財經商業網站等有關國內外發展最新狀況；我發現即使面對外在大環境不利變化及競爭對手強力競爭，但有些優良成功企業每年仍能保持穩健的營收及獲利成長率，而我歸納總結出，這些優良成功企業保持不敗成長率有很多因素，但最根本因素就是「創新」。不管在「經營戰略創新」、「新產品開發創新」、「技術領先創新」三大面向，這些企業都表現的很好，包括：台積電、台達電、廣達電腦、統一超商、統一企業、王品餐飲、寶雅美妝連鎖店、大樹藥局連鎖店、momo 電商……等，都是連續十多年來，表現穩健、市占率第一並且很會創新、很經常創新、很重視創新的各行各業成功企業。

（二）日本大型上市優良公司每年《統合報告書》也經常提到創新的重要性

作者這 6 個月來，點閱了近 20 多家日本大型上市優良公司的日文版公司官網，查看他們的每年度公開《統合報告書》（等同於台灣上市櫃公司的年報），內容裡面幾乎都會看到幾個經常出現的字眼，包括：「創造公司價值」、「價值創新」、「價值型經營」、「成長創新戰略」、「十年布局計劃」、「公司價值鏈價值提升」、「創新戰略推進委員會」、「戰略創新＋營運力創新」、「新產品開發創新」、「技術創新領先」、「ESG 永續經營創新」、「R&D 研發創新」、「變革創新」、「人才資本價值創新」等重要關鍵字眼。此都顯示出日本這些大型知名上市公司都高度重視「創新」對一家公司的巨大貢獻；都是經營績效卓越及創新有成的好企業。

（三）國內很缺乏有關「創新」方面的企業實戰及本土化專書

作者本人查看了國內很缺乏有關「創新」這個主題的企業實戰及本土化專書，覺得有點訝異，加上廣大上班族讀者、學校老師、學生們，對這方面的專書，也有頗大的需求。

綜合上述這 3 大因素，引起了作者本人的堅定意志力、毅力、信心及決心，要好好完成這一本重要商管專書及企業經營專書。

二、本書的 9 大特色

本書具有下列 9 大特色，說明如下：

（一）從沒看過、從沒人寫過的全台第 1 本「創新戰略管理」專書

作者自信本書是國內第一本最完整、最全方位、最本土化、最實戰化的「創新戰略管理」高管專書，也相信是全台第一本從沒看過、從沒人撰寫過的創新領域專書。

（二）內容豐富，計有 40 章（共三大篇）

本書從各種不同行業、各種不同公司組織部門功能、各種市場顧客角度切入，形成內容豐富、齊全、完整的 40 個章節的「創新戰略管理」知識。

（三）本書將創新工作，提升到創新戰略層級的最高層次

有些人以為創新就是一些產品創新的戰術性行動，但，作者本人則仿效日本各大知名上市大公司，把「創新工作」，提升到公司最高的經營戰略層次與戰略議題；可以更加凸顯「戰略創新」對一家公司的極其重要性及關鍵性了。

（四）創新的六箭齊發

本書作者本人觀察國內各中大型企業這一、二十年來的創新領域及成果，再加上日本各大型上市公司的「統合報告書」中的創新描述內容，總結出創新最重要的 6 大內容，即是所謂的「創新 6 箭齊發」，包括：

1. 經營戰略創新
2. R&D 研發、技術創新
3. 日常營運價值鏈營運創新
4. 行銷創新
5. 商品開發創新
6. 顧客及會員經營創新

（五）本書是作者 30 多年工作經驗＋ 30 多年閱讀學習的知識總合呈現

本書所談到的各種創新戰略實戰知識，都是作者本人過去 30 多年來在企業上班、在大學教書，以及閱讀很多財經、商管、企業經營等資料長期學習累積而來的，這是一份難得的寶貴知識價值與經驗價值。

（六）本書可提升每家公司的整體競爭力及公司組織能力

每位員工閱讀本書之後，將可大大提升每家公司的整體競爭力及公司組織能力，因為，每位員工的「創新意志」與「創新能力」，將是每家公司競爭力及組織能力來源的最大核心關鍵點。

（七）企業內部教育訓練及讀書會的最佳教材及工具書

　　本書是各中大型企業內部組織教育訓練課程及讀書會的最佳教材來源及最好的創新觀念及行動的工具書。

（八）企業內部各級主管及負責創新人員必讀專書

　　企業組織內部最重要的人才資本，就是要擁有強大的各層次各級主管人員（副理→經理→協理→處長→總監→副總經理→執行副總→總經理）；但，一位有能力的各級領導主管，必須具備完整的創新架構與全方位創新知識，才能對公司最終的競爭力及經營績效做出最好的貢獻。

（九）超圖解呈現，易於吸收、閱讀

　　本書以超圖解方式呈現，不會全是文字難以吸收閱讀之感，反而用圖示方法，易於快速吸收、閱讀，得到好的閱讀效果。

三、結語與祝福

　　本書得以順利出版，首先要感謝五南出版公司及主編的協助，以及廣大讀者們的殷殷期盼、支持及鼓勵，使得作者在數百個辛苦寫作、分析及歸納的日子中，依然能夠堅持下去、奮戰下去，終於能看到最後的成果。

　　最後，再次祝福所有讀者們，都能擁有一個：成長、成功、健康、平安、開心、順利、欣慰、滿意的美麗人生旅程，在每一分鐘時光歲月中。再次感謝大家！感恩大家！

作者 戴國良

taikuo@mail.shu.edu.tw

目錄

第二篇 企業創新實戰致勝成功個案介紹（計 40 個個案） 233

第三篇　總結篇　　353

第一篇
創新管理重要知識

Chapter 1

集團、公司「全方位經營創新」架構說明

集團、公司「全方位經營創新」架構說明

一、外部大環境變化與趨勢的分析、掌握與應變創新

企業經營最大的問題，就是必須面對外部大環境的高度與激烈變化，而這些大變化都會對國內各企業產生連鎖影響，包括有利影響與不利影響。因此，任何企業必須及早準備、超前部署、有備無患的做好應變創新才行。如下圖示 12 個項目的外部大環境變化：

圖1-1　外部大環境變化與趨勢的分析、掌握與應變創新

1	全球地緣政治變化、中美對抗變化	**7**	國內外 AI 科技、技術環境變化
2	國內外經濟、貿易、產業、利率、匯率、進出口環境變化	**8**	國內外管制狀況環境變化
3	國內外景氣與終端需求、庫存狀況環境變化	**9**	國內外能源與價格環境變化
4	國內外國民所得與消費力環境變化	**10**	國內外原物料環境變化
5	國內外法令、ESG 環境變化	**11**	國內外大客戶（B2B）環境變化
6	全球供應鏈、地區供應鏈、在地化供應鏈變化	**12**	國內外人口少子化、老年化、不婚化環境變化

二、經營戰略創新（最高層次創新）

在企業總體創新裡面，位階最高層的就是「經營戰略創新」，這主要又包括如下圖示的 5 項經營戰略創新：

圖1-2 公司經營戰略創新（最高階）

1 公司既有事業體不斷深耕、擴大、壯大、成長戰略創新	**2** 公司多樣化、多元化、多角化、新領域、新事業開拓創新戰略

3 全球布局（產銷據點）戰略創新	**4** 未來十年（2024～2034 年）布局計劃創新	**5** 未來十年（2024～2034 年）成長戰略規劃創新

前瞻十年後的集團及公司事業版圖擴大、壯大願景

三、日常營運活動創新（公司價值鏈創新）

具體細節的創新，最重要就是「公司價值鏈創新」（Corporate Value Chain Innovation），也可以視為「營運力」（Operation power）的創新。「營運力」的創新價值，主要可以展現在 12 個項目：

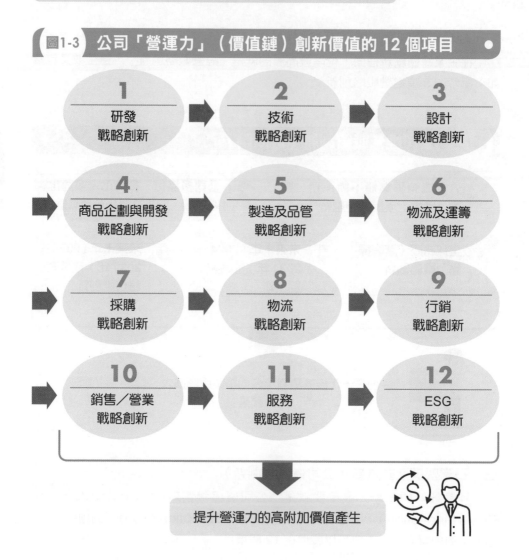

圖1-3 公司「營運力」（價值鏈）創新價值的 12 個項目

1 研發 戰略創新	2 技術 戰略創新	3 設計 戰略創新
4 商品企劃與開發 戰略創新	5 製造及品管 戰略創新	6 物流及運籌 戰略創新
7 採購 戰略創新	8 物流 戰略創新	9 行銷 戰略創新
10 銷售／營業 戰略創新	11 服務 戰略創新	12 ESG 戰略創新

提升營運力的高附加價值產生

四、幕僚支援創新（功能型價值創新）

除上述日常「營運力」（價值鏈）的價值創新能力之外，另一個就是公司的幕僚支援創新（功能型價值創新）的任務，共 8 項：

圖1-4　幕僚支援創新（功能型價值創新）

- ① 人資 戰略創新
- ② 財務 戰略創新
- ③ 資訊 IT 戰略創新
- ④ 法務（智產權）戰略創新
- ⑤ 經營企劃 戰略創新
- ⑥ 稽核 戰略創新
- ⑦ 總務 戰略創新
- ⑧ 專案特助群 戰略創新

全力支援「營運力」、「營運單位」的價值創新工作

五、創新的企業文化、領導、管理、考核與獎勵（激勵）

公司在推動各部門、各工廠、各中心之創新活動時，必須注意到軟性層面，包括 5 個項目：

圖1-5　創新的 5 個軟體──企業文化、領導、管理、考核、獎勵

- 1 │ 創新「企業文化」
- 2 │ 創新「領導」
- 3 │ 創新「管理」
- 4 │ 創新「考核」
- 5 │ 創新「獎勵」

有序、有計劃性的向前推動各項創新活動

六、人才資本創新

在創新價值裡，有一項是非常根本與核心的，那就是：「人才資本」的重要性與創新性。「人才」是公司發展成功的很重要「資本」，故稱為「人才資本」。人才資本的創新，計有 7 個項目：

圖1-6　人才資本創新

1 招聘人才創新（招才）

2 任用人才創新（用才）

3 培訓人才創新（培才）

4 考核人才創新（考才）

5 獎勵人才創新（獎才）

6 留任人才創新（留才）

7 發揮、發展人才潛能創新（發展人才）

七、顧客及客戶創新（7 個項目）

企業的業績收入來源，主要可區分為兩大類：

（一）一種是外銷出口的、高科技業、電子代工業的，這些對象是做 B2B，故稱為「客戶」（Client）。例如：台灣的鴻海公司是為美國 Apple 公司代工 iPhone 手機，故 Apple 蘋果公司就是鴻海的重要 B2B 客戶。

（二）另一種是內銷、內需的行業，這些業績的對象來源是一般消費者，是做 B2C，故稱為「顧客」（Customer 或 Consumer）。

針對這兩種不同的客戶群，公司也必須要不斷推動他們的價值創新，如下：

圖1-7 對客戶及顧客的 7 項價值創新

① 客戶（B2B） **V.S** **②** 顧客（B2C）

提供他們七項價值創新

1. 快速滿足他們需求的價值創新

2. 超越他們期待、走在他們前面的價值創新

3. 取得他們信任、信賴的價值創新

4. 提供整套產品＋服務的價值創新

5. 讓他們感受到高 CP 值、物超所值的價值創新

6. 走在他們需求之前的價值創新

7. 不斷提升顧客滿意度的價值創新

八、堅守創新 10 項原則

企業在進行各項創新活動時，應堅守創新的 10 項原則：

圖1-8 堅守創新 10 項原則

1 快速原則 　**2** 敏捷原則 　**3** 彈性原則 　**4** 靈活原則

5 改革原則 　**6** 變革原則 　**7** 全新原則 　**8** 機動原則

9 主動積極原則 　　　**10** 有計劃性、有目標性原則

九、量的創新與質的創新並重

企業創新，必須兼顧量的創新及質的創新兩者並重。量是指數量上的創新，質是指品質及影響力上的創新，能兼顧兩者是最好的狀況。

十、創新績效最終總成果指標

各營運單位及各功能幕僚單位的創新績效，可以有很多指標來加以反應；但是，最後要看對整個公司最終的績效總成果，包括如下述圖示 14 個項目：

圖1-9　創新績效最終總成果的指標項目

1 營收額成長	8 產業地位成長
2 獲利額及獲利率成長	9 全球技術領先地位
3 毛利率成長	10 集團事業版圖擴張成長
4 EPS（每股盈餘）成長	11 公司總體企業價值提升、成長
5 ROE（股東權益報酬率）成長	12 企業股價及企業總市值成長
6 市占率成長	13 企業總體競爭力成長
7 品牌排名成長	14 企業永續經營、永續發展

十一、總歸納：集團、公司「全方位經營創新」架構圖示（十個大項目）

圖1-10 集團、公司「全方位經營創新」架構圖

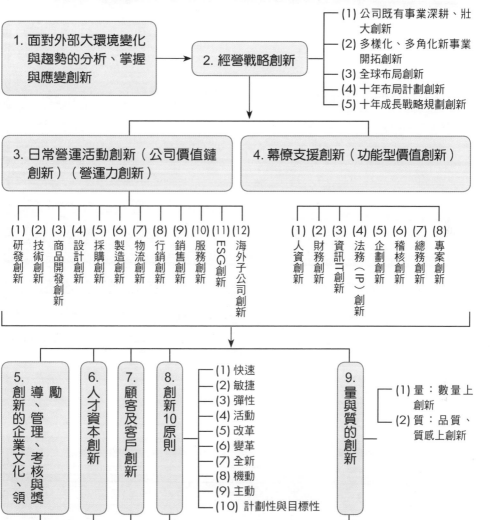

〈作者戴國良整理繪圖〉

011

Chapter **2**

掌握創新成功的全方位 18 個關鍵要素

— 創新成功的 18 個關鍵要素

掌握創新成功的全方位 18 個關鍵要素

一、創新成功的 18 個關鍵要素

企業創新要成功，應做好如下圖示的 18 個關鍵要素：

圖2-1 關鍵要素

1 企業文化

- 全公司員工必須保有創新觀念與創新行動的企業文化及組織文化才行。這是一個重要的根本基礎

2 完善創新制度、規章

- 要把創新固定下來，做出來，公司內部一定要有一套完善的創新制度、規章、辦法、流程及要求

3 獎勵創新

- 公司對創新表現優良、卓越、有貢獻的個人、小組、部門及領導主管等，應及時發給豐厚吸引人的「創新獎金」、「研發獎金」或其他名稱獎金，以鼓勵大家都去創新

4 以顧客（客戶）為核心

- 創新不是要表現每個部門有多行，創新必須以顧客（客戶）為核心對象，凡是對顧客（客戶）有用的、是他們有需求的、想要的、想擁有的、會去買的，才算是真正創新

5 要有創新好人才

- 任何創新，都是人做出來的，所以公司一定要有質與量均夠的優良創新人才才行。包括：技術／研發創新人才、商品開發創新人才、製造創新人才、銷售創新人才、行銷創新人才、物流創新人才、工程創新人才、財務創新人才

6 要有財務支援實力

- 有些高科技公司的研發科研經費都是數十億、數百億、上千億的。例如：台積電一年的研發創新經費就高達 1,600 億元之多；因此，公司一定要有足夠的財務子彈支援研發創新才行，R&D 錢不夠、錢很少，是很難創新

7 要訂下企業發展願景目標

- 很多公司都訂下他們長期發展之下的長期願景（vision）目標，然後全體員工每天努力、勤奮去經營每一天、創新每一天，朝此願景目標持續奔跑

8 不怕失敗、容忍失敗

- 高階領導人，要對各部門、各員工發出通知，鼓勵大家勇敢去創新，不怕失敗，公司可以容忍失敗的創新，這是必須繳交的學費及過程；如此，大家就不會怕被失敗懲處

9 創新，要有計劃性、目標性推進下去

- 任何部門、任何小組的創新工作，一定要訂定當年度計劃及中長期計劃兩種並進；以有計劃性且訂出目標追求的方式，落實推進下去，一步一步做下去，最終必會創新成功

10 創新要能應對外面大環境變化，要具備創新應對能力

- 創新雖有內部組織的計劃及想法，但也必須符合外部大環境的變化，以及產業競爭的變化，才能解決當前大環境變化下的應對創新及問題解決

11 掌握創新 6 大原則

- 任何部門或專案的創新推動，都不要忘了下面 6 大原則：
  (1) 快速性創新
  (2) 敏捷性創新
  (3) 靈活性創新
  (4) 彈性創新
  (5) 改革創新
  (6) 機動性創新

12 以公司營運活動的價值鏈創新為主力，幕僚支援創新為次要

- 任何公司的創新，都必然有先後順序及重點程度的區分；因此，公司必須把重點放在日常營運活動的價值鏈創新工作上；包括：從研發、技術、設計、商品企劃、製造、品管、物流、銷售、行銷、服務、ESG 等 11 項營運循環價值鏈上

13 經營戰略創新是最高層次的創新

- 創新主要區分為 3 大類
  第一：日常營運活動價值鏈創新
  第二：幕僚支援活動創新
  第三：公司總體經營戰略創新
- 公司最高層次的創新，就是經營戰略的創新，也就是關係著公司中長期未來十年的布局計劃及成長戰略規劃的全盤創新建構

14 永保危機意識、憂患意識、超前部署、有備無患

- 任何企業，沒有每一年都順順利利的大豐收，當企業成功時，更必須永保危機意識、憂患意識，然後超前部署、有備無患。企業的創新行動，必須在此根本思維、觀念下，去落實推動，就會成為長期常勝軍

15 對高科技公司而言，技術創新、技術領先，是第一優先工作

- 對半導體業、晶片業、AI 業、電子業、電動車業、軍工業、通訊業……等各種高科技公司而言，技術創新及技術領先，永遠是公司第一優先工作的。例如：台積電的成功，就是在 5 奈米、3 奈米、2 奈米、1.4 奈米先進晶片技術領先

16 創新，是一個不斷學習、試誤、累積、最後成功的過程

- 很多實務上，創新也不是一蹴可及、不是一次就成功的，尤其是尖端的、高階的、困難的創新，更須不斷試誤、實驗、學習、累積，到最後才成功的一種過程，所以，有些重大創新是要有耐心的

17 老闆的支持、長官的鼓勵、同事的團隊，對創新成功也很重要

- 最後一點是，老闆的支持、長官不斷的鼓勵、同事之間彼此的團隊協力合作，對任何部門的創新成功，也是很重要的關鍵因素

18 尋求外部資源及協助，也可幫助創新成功

- 有時候，創新活動也不只是自己在內部組織及內部資源裡思考，也應該向外部尋求資源及協助，才會幫助創新成功。例如：國內超商找大飯店、找知名公司合作，聯名推出好吃的鮮食便當，結果很成功

Chapter 3

台積電「全球研發中心」（R&D Center）成立簡介及分析

台積電「全球研發中心」（R&D Center）成立簡介及分析

一、台積電「全球研發中心」簡介

　　台積電新成立的「全球研發中心」（Global R&D Center）大樓，已於 2023 年 7 月 28 日正式在新竹科學園區啟用。該研發中心大樓樓地板面積計 30 萬平方米，地上 10 層、地下 7 層，將有 8,000 名研發人員及工程師進駐；也是全台最大的企業 R&D 中心，該樓面積計有 42 個足球場面積之大。該研發中心將匯集主力來自台灣本地及全球各國的優秀研發人員進駐。

二、每年研發經費為全年營收額 8%，計 1,600 億台幣

　　張忠謀前董事長表示，台積電每年投入在研發 R&D 的經費，高達 50 億美元（即 1,600 億元台幣），占全年總營收額 8%，此占比及研發經費，居全國之冠，顯示台積電對先進技術與尖端研發的高度重視及真實投入。

圖3-1　台積電成立「全球研發中心」，全台最大

① 樓地板面積：
30 萬平方米
（地上 10 樓）
（地下 7 樓）

➕

② 進駐 8,000 名
研發人員

➕

③ 2 兆年營收額
×8%研發經費
＝ 1,600 億
研發投資

Global R&D Center（全球研發中心）
（全台最大）（竹科園區內）

三、此 R&D 中心對未來 20 ～ 30 年研發戰略影響很大

張忠謀前董事長表示，台積電此刻成立「全球研發中心」，對該公司未來 20 ～ 30 年中長期的研發戰略及研發使用，影響很大；也是確保台積電中長期能夠持續領先 2 奈米、1.4 奈米、1 奈米等先進晶片製造技術的重大關鍵所在。另外，此舉也使台灣能夠在全球半導體產業中，保持領先與領導地位，這對台灣在全球經濟體系中，也保有很好的聲望。

四、提出 6 大研發議題

台積電現任董事長劉德音提出對此研發中心的 6 大研發議題：

1. 我們將會開發什麼的技術？
2. 我們半導體元件的大小是多少呢？
3. 新的材料是哪些呢？
4. 用多少晶片堆疊起來的產品？
5. 光的運算及電的運算如何整合？
6. 量子計算和數位計算如何共用？

他期待研發中心能儘快找出答案及大量生產方法，才能往更高階、更先進的技術創新邁進。

五、這是一個 OIP 開放平台

劉德音董事長還表示，台積電的「全球研發中心」，將會是一個 OIP（Open Innovation Platform）（開放式創新平台），會開放外部合作夥伴，包括原物料供應商、各大學研究所、各專業研究機構、海外大客戶，共同參與晶片最先進技術與製造之研發工作，共同為半導體產業升級及革新，共同努力。

圖3-2 這是一個 OIP 開放平台

OIP 平台（Open Innovation Platform）（開放式創新平台）

與外界供應商、各大學、各研究機構開放合作創新

六、研發團隊＋製造團隊，密切合作的成就

張忠謀前董事長表示，台積電的成功，有很多因素所形成，最重要的一個就是：研發團隊＋製造團隊的共同攜手合作、共同探索、共同突破、共同前進、共同克服困難的最終好結果。

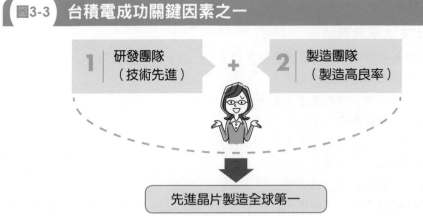

圖3-3　台積電成功關鍵因素之一

| 1 研發團隊（技術先進） | ＋ | 2 製造團隊（製造高良率） |

先進晶片製造全球第一

七、投資 R&D，絕對值回票價

台積電現任總裁魏哲家則表示，對於先進晶片技術的 R&D（研發）投資，不管多少人才、多少經費，都是值回票價的；台積電每年 R&D 經費都是 20％的高成長投資及花費，2023 年度 R&D 經費已高達 1,600 億台幣，遠遠超過主力競爭對手韓國三星及美國英特爾。沒有這些巨額的 R&D 經費，不會有今天台積電在先進技術及先進製程上的依然領先。

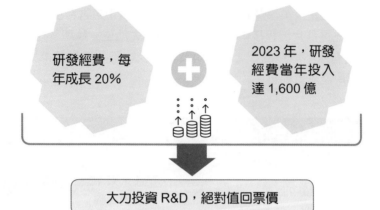

圖3-4　投資 R&D，絕對值回票價

研發經費，每年成長 20%

➕

2023 年，研發經費當年投入達 1,600 億

⬇

大力投資 R&D，絕對值回票價

八、IP 專利權數量：台灣第 1、美國第 2

　　台積電目前在全球已超過有 5.7 萬件的技術專利權，台積電近十年來，每年在台灣技術專利權申請量，都位居第 1 名最多數量，在美國則位居第 2 名次多；此顯示台積電對智慧財產權（IP）的重視、專有保護及領先程度。

圖3-5　台積電 IP 專利權領先

1
台灣第一

➕

2
美國第二

技術專利權申請量，全球已達 5.7 萬件

九、台積電 3 項核心價值觀

　　台積電前董事長張忠謀表示，台積電多年來所堅持的 3 項核心價值觀：
1. 誠信正直（Integrity）
2. 承諾（Commitment）
3. 創新（Innovation）
只要能堅持這 3 項核心價值觀，台積電就能永續經營下去。

十、築起「技術高牆」，永保領先

　　魏哲家總裁表示，台積電新成立「全球研發中心」，就是要築起「技術高牆」，不讓韓國三星及美國英特爾的二位強大競爭對手超越台積電，永遠確保台灣及台積電在先進晶片製程技術保持第 1 名的領先地位。魏總裁並期勉這 8,000 名研發人員要有永不熄滅的好奇心，勇於嘗試及挑戰，推動技術更先進、更進步，並協助客戶產品更創新。

圖3-6　R&D Center，築起「技術高牆」

・台積電「全球研發中心」
・8,000 名研發人員

・築起未來 10 ～ 20 年「技術高牆」
・保持全球技術領先

十一、台積電 3 項競爭優勢

　　劉德音董事長表示，多年來台積電保有 3 項競爭優勢；這 3 項優勢，也是台積電這幾十年來，全體員工大家共同努力、勤奮的成果與績效：

　　1. 技術領先（技術第一）

　　2. 製造卓越（良率第一）

　　3. 客戶信賴（信賴第一）

十二、全台設立 6 所半導體學院，培育未來人才

　　全台目前已有 6 所大學設有「半導體學院」，包括：台大、陽明交大、清大、成大等一流大學，近幾年都新設「半導體學院」，培育未來 10 ～ 20 年的半導體人才之所需。

十三、技術創新,才是一切競爭力的基礎

台積電前董事長張忠謀表示,在變動時代環境中,不變的就是要「創新」,尤其是「技術創新」更為重要;他認為,對所有高科技公司來說,唯有「技術創新」,才是一切競爭力的基礎。他希望台積電過去、現在及未來,都永遠是高階晶片技術的「創新者」、「解答者」及「領先者」。

圖3-7　技術創新,是一切競爭力基礎

- 技術創新
- 科技創新

→

- 是一切競爭力基礎
- 高科技公司成功第一關鍵要素

十四、根留台灣,不會「去台化」

魏哲家總裁表示,台積電成立「全球研發中心」,就表示台積電會永遠「根留台灣」,也不會「去台化」;台積電會永遠把最先進的晶片技術及最先進製程的 2 奈米／ 1.4 奈米／ 1 奈米工廠,留在台灣,不會移植到美國廠、日本廠、中國廠及德國廠去。

圖3-8　全台已設有 6 所大學半導體學院,培育未來人才

全台 6 所大學半導體學院(台大、陽明交大、清大、成大……等)

→

培育未來 10 ～ 20 年台灣半導體研發及製造專業人才需求

Chapter **3**

台積電「全球研發中心」(R&D Center)成立簡介及分析

圖3-9　台積電根留台灣，不會「去台化」

台積電設立
（新竹：全球研發中心）

① 根留台灣 ＋ ② 不會「去台化」

- 2奈米／1.4奈米／1奈米的先進晶片製造，在台灣保留
- 3奈米～20奈米成熟晶片製造，一部份應客戶需求，移往：美國廠、日本廠、中國廠、德國廠生產

Chapter 4

商品開發創新策略——
統一超商前總經理徐重仁

一 統一超商前總經理徐重仁的商品開發「創新策略」觀念

商品開發創新策略——
統一超商前總經理徐重仁

　　統一超商前總經理徐重仁是知名的國內流通教父級人物，他創立統一超商，並在該公司工作二、三十年之久，屆65歲才從統一超商退休離開。徐重仁先生在最近一本他的專書中，談到他在統一超商幾十年來，有關他對7-11的過去長期以來的「商品開發創新策略」，有如下幾點重要的觀念及思維：

一、統一超商前總經理徐重仁的商品開發「創新策略」觀念

1. 一定要以滿足顧客需求為第一創新優先。
2. 新商品開發創新，要踏出第一步才知道結果，可以先試做看看，邊做、邊改、邊調整，最終就會成功。
3. 要永遠思考：「顧客想要什麼？需要什麼？喜歡什麼？如何讓他／她們經常上門？」
4. 新商品不斷開發創新成功，所有門市店業績，才會不斷成長。
5. 創新，就是要積極挑戰過去沒有的東西，而且要堅定向前進。
6. 商品的實質效益當然最重要，但是，也不要忽略了商品外在包裝的美感設計，抓住消費者的心；最後，第3步就是商品的行銷活動。
7. 如果新商品開發及創新，如能做到令顧客驚豔、驚喜，那就更棒了。
8. 總結來說，開發並創新出能讓顧客買了會開心、會高興、會滿意、會很有用、會解決生活痛點，以及會很幸福的商品，才是商品開發及創新的最基本原則。

圖4-1　統一超商前總經理徐重仁對 7-11 的「商品開發創新策略」思維

1　一定要以滿足顧客需求為第一創新優先

2　商品開發及創新，必須站在「顧客需求」角度，顧客想要什麼、需要什麼、顧客追求的是好吃或方便，重要的是能否站在顧客的立場去思考，是否能讓顧客想經常上門

3　經營超商應以餐飲品項充實為優先行動

4　很多時候，想東想西，不踏出第一步也不知道結果會如何，就先試試看，真的不行就撤退就好

5　早期（10多年前）台灣統一超商的商品開發創新策略，是參考日本 7-11 的成功案例為主力的，以降低失敗率

6　商品開發的創新，一定要基於「發掘顧客潛在需求，提供全新價值」目標，才會開花結果

7　經營零售業，必須不斷開發出新商品，才能讓所有門市店營收額不斷向上提升成長

8　創新，就是要積極挑戰過去沒有的東西，而且不去做，就不知道結果如何，所以要一步一步試試看就對了，而且更要堅定前進

9　有時候，開發及創新新商品時，也必須做好週邊條件的配合。例如：想賣鮮食便當，就必須先做好低溫冷藏的物流車隊才行

10　如何做好超商的便當，就是要掌握顧客的偏好與需求，真正了解顧客喜歡什麼樣的便當；早期，台灣統一超商的商品開發人員曾去日本吃遍日本有名的車站便當為經驗，並取經日本 7-11 的暢銷便當品項

11 如何做出人人會喜愛、大眾都會喜歡吃的鮮食便當，是我的首要考量及目標

12 早期，統一超商曾做出台灣各地知名觀光地的聯名便當；近年來又跟很多知名五星級大飯店及米其林星級餐廳，合作創新聯名便當，也都很成功

13 有時候，商品的內在實質雖然重要，但外在包裝的美感設計也很重要，要抓住消費者的心，感性也是很必要的

14 新商品、新問題，不只是令顧客滿意，如果能做到令顧客驚艷，那就更棒

15 大家常說商品開發的原點，就是要「站在顧客立場去想」，可是光只是站在對方立場是不夠的；自己也是消費者，自己想要什麼？什麼東西可以讓自己滿足？還有，什麼東西能讓自己開心、高興？探討這些內容也很必要、重要

16 開發並創新出讓顧客買了會開心、會高興、會滿意、會很有用、會解決生活痛點，以及會很幸福的商品，才是商品開發的最基本原則

Chapter 5

創新與企業文化塑造

創新與企業文化塑造

一、創新必須融入企業文化中

（一）創新，才能保持企業領導地位

創新是保持企業領導地位與營收成長的必備動能，一家能夠時時創新的公司，才會是一家成功卓越的好公司。

（二）創新，3 個基本觀念

然而，創新必須有 3 個重要基本觀念：

1. 創新，必須是全體部門、全體員工都一起來共同努力創新
2. 創新，必須融入整體企業文化及組織文化
3. 本企業＝創新 DNA，代表我們公司，就是一家隨時、隨地皆能創新的公司，「創新」兩字，正就是本公司的 DNA

（三）創新企業的佳例

1. 日本小林製藥公司

   日本知名的小林製藥公司，是一家著名的「全員創意提案公司」；該公司每年訂出某一週時間，舉辦「全員創意週」，就是由該公司全體部門及全體員工，對公司的「新產品開發」，提出每個人的創意及創新意見、建議、想法及提案。

2. 美國 AMD 公司（超微公司）

   美國 AMD 公司訂定每年某一天為公司的「AMD 創新日」，藉這一天的活動，來喚起全體員工對技術創新、產品創新的重視及努力。

圖5-1　創新企業的佳例

1	2
日本小林製藥公司：「全員創意、創新提案週」活動	美國 AMD 公司：「AMD 創新日」活動

二、將「創新」融入企業文化的 11 種作法

企業到底要如何才能將「創新」的重要觀念，深入植基在公司全體部門及全體員工的內心及行為當中？主要可以採取以下 11 種作法：

（一）最高領導人正式宣告

由老闆、董事長、總經理等最高階主管，在各種重要大型會議中，正式宣告：本公司的創新時代已來臨，要求每位員工，常保創新的內心及行動。

（二）張貼宣傳標語

專責單位可在公司各辦公室及各工廠內、各物流中心內、各研修中心、各員工宿舍內、各海外工廠……等，張貼有關創新觀念與行動的各式標語、布條、電子跑馬燈……等；以喚起大家的注意及重視。

（三）每年設定一天活動

企業可以在每年中，設定一天，來舉辦對創新活動的重視。例如：美國 AMD（超微）公司，就有每年一天的「AMD 創新日」；美國 P&G 日用品製造行銷公司，也有每年一天的「P&G 消費者日」等活動，喚起對顧客、對消費者的永遠重視。

（四）納入新進人員教育訓練中

企業必須把對創新觀念的重視及行動，納入在對新進人員的教育訓練課程內，引起新進人員對創新的理解及重視，形成企業文化、組織文化的重要一環。

（五）納入公司「核心價值觀」的一項

企業最高領導人，更必須把「創新」，納為公司的「核心價值觀」的一項，形成每位員工必須深刻記住與一言一行的價值觀依據。

（六）設立「創新獎金」激勵

企業也必須新設立「創新獎金」，從發給 5 萬元～ 100 萬元的高額部門及個人的「創新獎金」，以當作對創新有功的部門及個人給予正面鼓勵支持及肯定。

（七）納入年終員工考核項目之一

企業也必須將「創新」這一項目，納入在年終對每位主管及員工的考核項目之一，以引起大家對創新工作績效的真正重視及付諸行動。

（八）舉辦「創新成果表揚大會」

企業可以在每年 12 月份，舉辦一次「年度創新成果表揚大會」，以表揚這一年內，對創新成果有貢獻的部門、主管及個人，以形成良好的心理激勵效果。

（九）舉辦「年度創新工作檢討大會」

此外，企業也可以在每年 12 月底，舉辦一次「年度創新工作檢討大會」，由各部門、各工廠、各中心報告這一年來創新的工作成果及對下一年度的工作目標與內容；經由召開檢討，可使創新工作績效會愈來愈好。

（十）舉辦「全員創意／創新提案」活動

企業可以每年舉辦一次「全年對創意／創新提案」的大型活動，吸引全體員工對公司的新產品、新技術發展，提出各式各樣很好創意／創新的提案，以達成「全員創新」的真正目標。

（十一）將「創新」納入重大決策指標

最後，企業可將「創新」這個要素，納入每個單位在做出最後決策時的重要思考指標之一。

三、成立「創新企劃處」專責單位

大公司或大企業集團，可考慮成立「創新企劃處」來專責此事：

1. 「每年創新日」之籌辦。
2. 「每年創新獎勵表揚大會」之籌辦。
3. 「每年創新檢討大會」之籌辦。
4. 「每年全體員工創意／創新提案」之籌辦。
5. 張貼宣傳標語。
6. 納入新進員工訓練教材。
7. 每年創新記錄彙輯成冊。
8. 中長期（5 ～ 10 年）創新戰略規劃訂定。
9. 其他有關創新工作事項。

四、每年 12 月「創新獎勵表揚大會」議程重點

公司每年 12 月份，可舉辦一次「今年度創新獎勵表揚大會」，獎勵整個年度內，對創新有貢獻的部門、主管及個人；此會議之議程重點，如下圖：

圖5-2　「創新獎勵表揚大會」議程重點

五、每年 12 月底「年度創新檢討大會」議程重點

　　每年 12 月底，公司可舉辦「年度創新檢討大會」，藉以檢討今年度的創新工作績效如何，有何成果，有何待改善加強之處，如下議程重點：

圖5-3 「年度創新檢討大會」議程重點

1　董事長、總經理精神講話

2　各部門、各工廠、各中心今年度創新工作檢討報告說明

3　各部門、各工廠、各中心明年度創新工作計劃說明

4　董事長、總經理詢問及各單位回答

5　董事長結語

六、編製「年度全公司創新績效成果特輯及檔案」

　　「創新企劃處」每年年底，可針對這一年來，各部門、各工廠、各中心、各事業群、各分公司等的創新績效成果，編製特輯並建立資料檔案儲存，以供未來每一批新進人員可做為學習、參考及使用，讓公司的創新成果得到更廣泛的應用成效。

圖5-4 編製「年度全公司創新績效成果特輯及檔案」

「年度全公司創新績效成果特輯及檔案」
・供每一批新進員工學習、參考、使用
・藉以提升新進員工及全體員工的創新知識及創新觀念、作為

Chapter **6**

創新與未來中長期（5～10年）企業成長戰略

創新與未來中長期（5～10年）企業成長戰略

一、企業成長戰略的 2 大類型

企業的未來成長戰略，主要可以區分為兩大面向的類型，如下圖：

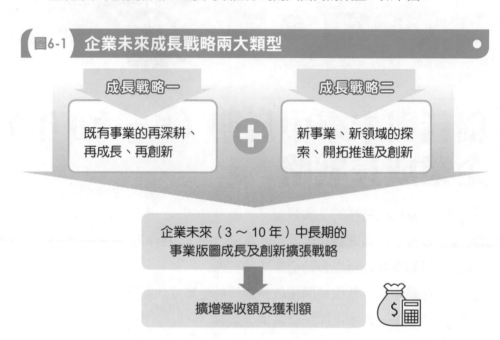

圖6-1 企業未來成長戰略兩大類型

成長戰略一

既有事業的再深耕、再成長、再創新

＋

成長戰略二

新事業、新領域的探索、開拓推進及創新

企業未來（3～10年）中長期的事業版圖成長及創新擴張戰略

擴增營收額及獲利額

二、既有事業再深耕、再成長、再創新的 13 種作法

企業對既有事業再深耕、再成長、再創新的 13 種作法，如下圖：

圖6-2　既有事業再深耕、再成長、再創新的 13 種作法

1 品牌數再擴增	2 品項數再擴增	3 品類數再擴增	4 包裝設計方式再擴增
5 口味類別再擴增	6 原料成份類別再擴增	7 規格容量類別再擴增	8 價位類別再擴增
9 技術功能再擴增	10 設計美感再革新		11 通路類別再擴增
12 聯名行銷再擴增			13 廣告及行銷活動革新

既有事業體營收額、獲利額、市占率再創新成長

三、既有事業體創新成長的企業成功案例

茲列舉國內企業在既有事業體，能夠給予再深耕、再創新、再成長的幾個成功案例，如下：

（一）統一企業

50 多年來，持續深耕食品及飲料既有事業，並保持不斷深耕創新成長：

1. 泡麵：增加到 13 個品牌
2. 茶飲料：增加到 4 個品牌
3. 泡麵：創新成功的「非油炸麵條」式泡麵
4. 茶裏王飲料：多次更新外包裝及設計圖案
5. 品類：增加到保健品牌。例如：推出「統一健康 3D」
6. 泡麵、茶飲料、豆漿飲料、果汁飲料，每年都革新電視廣告片及行銷活動，保持新鮮性

（二）桂格燕麥

桂格燕麥推出「燕麥飲」、「燕麥粥」、「燕麥料理包」、「燕麥餅乾」等新用途、新內容產品成功，以持續深耕及創新擴大既有純燕麥沖泡市場空間。

（三）統一超商（7-11）

統一超商持續深耕及創新總店數的成長，包括：

1. 不斷展店（從 3,000 店→ 4,000 店→ 5,000 店→ 6,000 店→ 6,800 店，此為到目前的數字，未來將到→ 8,000 店為止）
2. 改為大店化
3. 增加複合店、店中店
4. 增加特色店
5. 增加高速公路休息店商場標租
6. 落實全台 368 個鄉，以達鄉鄉皆有 7-11

（四）王品餐飲集團

30 多年來，從最初 3 個品牌，一直擴增、創新到目前全台 25 個餐飲品牌及 320 家店數，位居國內第一大餐飲集團。

（五）SOGO 百貨公司

在台北市，擴增忠孝店斜對面的復興店，創下該店一年營收突破 100 億佳績；此外，又在 2023 年底租下台北大巨蛋 SOGO 館，面積坪數達 3.6 萬坪之大，相當於 3 個百貨公司規模，預估年營收可達 150 億元。表現出 SOGO 持續在台北市百貨公司業界深耕、創新成長。

（六）遠東百貨公司

遠東百貨公司持續擴增台北信義區 A、B 館及新竹竹北店，本業營收額持續增加。

（七）台灣松下（Panasonic）

台灣松下（與日本 Panasonic 合資）60 年來，在台灣一直在大家電及小家電的全系列家電市場深耕及創新成長，目前已成為全台家電品牌業績第一名，包括：電冰箱、洗衣機、冷氣機、空氣清淨機、除濕機、電風扇、吹髮機、電子鍋……等均銷售甚好。

（八）長庚醫院

30 多年來，長庚醫院持續在全台擴增分院，包括：台北、林口、桃園、基隆、高雄、雲林等均有醫院，成為全台第一大醫院，展現它持續在既有事業體深耕、創新及成長。

圖6-3 既有事業體再深耕、再創新、再成長成功案例 ●

1 統一企業	2 桂格燕麥	3 統一超商	4 王品餐飲集團
5 SOGO 百貨	6 遠東百貨	7 台灣松下（Panasonic）	8 長庚醫院

四、往新事業、新領域開拓成長創新的企業成功案例

（一）六角國際公司

原為經營國內及海外市場的手搖飲、珍珠奶茶公司；後來擴展到新事業領域，即餐飲事業，成立王座餐飲公司，旗下有杏子豬排、大阪王將水餃、段純貞牛肉麵、京都勝牛等五個品牌，目前已上櫃公司。

（二）日本三井不動產公司

原為日本知名建設公司、房仲公司、不動產公司；後來擴展到新事業領域，即三井 Outlet、三井 LaLaport 購物中心等零售業成功營運。

（三）日本 SONY 公司

早期為日本知名家電公司，後來成功擴展到新事業領域，包括：SONY 音樂、SONY 電影、SONY 電玩、SONY 半導體等 5 大領域，再造成功，解救了危險的 SONY 家電事業。

（四）宏碁集團

宏碁原為 PC 及 NB 電腦製造公司，後來 PC 及 NB 市場已飽和且獲利下降很大，迫使宏碁轉向多角化新事業領域成功發展，目前已有旗下 10 家公司上市櫃成功，稱為宏碁的「老虎隊」。

（五）鴻海集團

鴻海原為美國 Apple 公司 iPhone 的手機代工組裝廠；後來透過大量併購策略，多角化進入伺服器、自動車、低軌衛星、半導體等十多個多角化新事業領域成功發展，集團年總營收超過 6.6 兆元，成為國內第一大製造業。

（六）富邦集團

富邦原為金控集團，後來又成功進入台灣大哥大電信服務、momo 電商及凱擘有線電視等新領域，成功開拓多角化經營的富邦集團。

（七）寶雅

「寶雅」原為知名的美妝生活用品連鎖店公司；後來又成功開拓第 2 個品牌「寶家」五金用品連鎖店，擴大為雙品牌經營。

（八）統一超商

統一超商原為 7-11 超商事業經營，後來又成功開拓新事業領域，包括：星巴克、博客來、黑貓宅急便、康是美等多種新事業。

（九）遠東集團

遠東集團原為製造業，後來又成功進入遠傳電信、遠東百貨、SOGO 百貨、愛買量販店、c!ty'super 超市和新竹巨城購物中心等多角化新領域事業。

五、新事業、新領域開拓應具備的 4 個要件

企業要往新事業、新領域開拓成功，應對此類領域有幾項要求，如下圖：

圖6-4　往新事業、新領域開拓創新成長 4 個要求

| **1** 具未來成長性 | **2** 具未來獲利性 | **3** 具未來展望性 | **4** 具未來明日之星產業性 |

往此 4 要件的新領域、新事業拓展、創新、前進

Chapter 7

價值鏈與創新價值創造關係

價值鏈與創新價值創造關係

一、「公司價值鏈」（Corporate Value Chain）是什麼？

「公司價值鏈」一詞，是在 30 年前，由美國麥克‧波特教授（Michael Porter）所創。它的意思是說，任何一家企業要能夠「賺錢」（make profit），必須從企業營運活動中，創造出價值。而此種營運活動，波特教授把它們區分為兩種：

（一）「主要營運活動」（Primary Activity）

從研發、技術、設計、採購、製造、品管、物流、行銷、銷售、服務等一連串之主要活動。

（二）「次要支援活動」（Secondary Activity）

人資、財會、資訊（IT）、企劃、稽核、法務（智產權）、總務等次要支援性活動。如下圖示：

圖7-1　公司價值鏈（Corporate Value Chain）的主要營運及次要支援活動項目

〈計 7 個價值創造項目和教育訓練〉

〈次要支援活動〉

1. 人資
2. 資訊（IT）
3. 法務（智產權）
4. 企劃（經營）
5. 財會
6. 稽核
7. 總務
8. 教育訓練中心

創造利潤出來

〈主要營運活動〉（計 11 個價值創造項目）

1. 研發
2. 技術
3. 設計
4. 採購
5. 製造
6. 品管
7. 物流
8. 行銷
9. 銷售（業務）
10. 服務
11. ESG

二、主要營運及次要支援活動創造價值占比

在企業價值鏈創造價值、創造利潤過程中：

1. **主要營運活動**：占比 70%，為企業最重要的營運活動。
2. **次要支援活動**：占比 30%，為企業幕僚支援的次重要活動。

圖7-2 主要及次要活動創造價值占比

1 主要營運活動
（創造70%價值）

＋

2 次要支援活動
（創造30%價值）

・創造 100%企業
價值出來
・創造 100%獲利
價值

三、如何提高及創造價值鏈的每個環節價值 5 項工作

企業最重要的就是要努力提高前述的 11 個主要營運活動環節價值，以及 7 個次要支援活動環節價值。要做好下列 5 項工作：

（一）人才

要強化每個部門、每個單位的足夠人才數量、素質及能力。

（二）深入人心

其次，要使每個部門及全體員工，都應該把「價值創造」（Value Creation）的觀念及作法深入人心，成為企業重要文化與思維。

（三）訂定年度計劃

第三，每個部門環節都應該訂定他們的年度價值創造的工作計劃、時程、組織、達成目標、人力分配、預算等年度計劃，並依此計劃去執行落實。

（四）檢討會議

企業每季都必須舉行「價值創造檢討季會」，以檢討工作成效如何，以及如何再加強方向。

（五）獎勵

　　對於創造價值有成的部門、主管、個人，應給予每季一次的及時獎勵金鼓舞激勵。

圖7-3　創造公司價值鏈每個環節活動的 5 項工作

四、日本花王公司強大的 5 個創新源泉

　　根據日本知名大型企業「花王公司」的上市公司年報發布中，花王公司提出他們之所以強大的 5 個創新源泉，如下圖示：

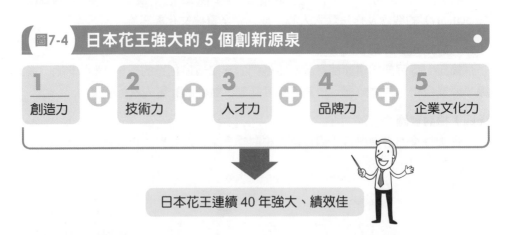

圖7-4　日本花王強大的 5 個創新源泉

五、日本花王公司價值創造的 6 個源泉

日本花王公司在其上市公司年報中,又提出他們對企業價值創造的6個源泉:

圖7-5 日本花王公司價值創造的 6 個源泉

1 人的資本

2 財務的資本

3 製造的資本

4 IP 智產權資本

5 外部關係資本

6 品牌資本

6 大經營資本/資源,
可以打造出更多的企業價值出來

六、日本花王公司的營運模式(Operation Model)與價值創造關係

依據日本花王公司上市年報顯示,日本花王圖示出他們的營運模式及價值創造關係,如下:

圖7-6　日本花王公司的營運模式與價值創造關係

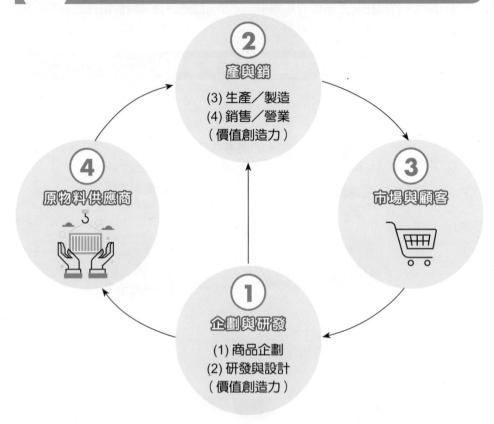

上述日本花王公司的營運模式（Operation Model），簡述如下：

（一）日本花王公司最開始、最開端的價值創造力，是來自於：

　　1. 很好的商品企劃構想。

　　2. 很好的研發、技術與設計，加以落實成具體商品形象。

　　3. 這些很好的商品企劃來源，必須洞察出顧客的潛在性需求及期盼，並快速
　　　 落實加以滿足及滿意。

（二）日本花王公司第二層的價值創造力，是來自於他們的：

　　1. 生產／製造力。

　　2. 銷售／業務力。

　　3. 而這些優良的生產製造，必須仰賴外部原物料供應商良好配合才行。

總之，上述日本花王公司的營運模式及價值創造，涉及四個單位：

1. 商品企劃及研發、技術、設計
2. 生產製造及銷售
3. 市場與顧客
4. 原物料供應

有賴這內、外部的四個單位的共同努力、合作，才能創造出日本花王更多、更高的企業價值出來。

七、日本花王公司競爭力與價值創造的兩大車輪支柱：戰略力與營運力

日本花王公司又提出該公司之所以強大競爭力與價值創造的兩大車輪支柱：

圖7-7　日本花王公司競爭力與價值創造的兩大車輪支柱

所謂「戰略力」：公司必須制訂正確的、具前瞻性的、具布局未來性的「中長期（3年～10年）成長戰略計劃」，列出未來3年～10年，公司要做的戰略願景、目標、計劃、大方向、內容、時程、人力、預算、成果指標……等。

所謂「營運力」：前述講過的企業主要營運活動11個項目，以及企業次要支援活動的7個項目和教育訓練，如何提升它們每一個環節工作的效率、效能與價值出來。

Chapter **8**

創新的 2 大類型

創新的 2 大類型

一、創新 2 種類型

創新，基本上有 2 大類型：

（一）改良式創新

1. 18 種改良式創新的作法

大部份的各種創新，都是從現有產品上、技術上、設計上、原物料上、製程上、物流上、行銷上、銷售上、門市店營運上、服務上、口味上、內容成份上、功能上、耐用度上等，每年定期做一些改良、改善、加值、增值、升級、改版、改型等工作，此稱為「改良式創新」。

2. 改良式創新的 3 項優點
   (1) 比較容易做到
   (2) 改良成本較低一些
   (3) 逐次改良，到最後也會很完美

圖8-1 「改良型創新」的 18 個著手方向與作法

1. 從產品上改良	7. 從行銷、廣告上改良	13. 從功能上改良
2. 從技術上改良	8. 從銷售、業務上改良	14. 從耐用度上改良
3. 從設計上改良	9. 從門市店營運上改良	15. 從包裝上改良
4. 從原物料改良	10. 從售後服務上改良	16. 從採購上改良
5. 從製程上改良	11. 從口味上改良	17. 從省電、省油上改良
6. 從物流配送上改良	12. 從內容成份上改良	18. 從減碳、減塑上改良

圖8-2 改良式創新的 3 項優點

① 較容易做到

② 改良成本
花費較低一些

③ 逐次改良，
到最後也會很完美

（二）完全創新

完全創新，則是指此類產品或此類服務，是完全 100%創新出來的，不是從既有產品去改良升級出來的。

二、改良式創新的成功案例

茲列舉近幾年來，企業界在各種行業及各種產品上，所做的成功案例：

1. 變頻省電冷氣機：大金、日立、Panasonic……等冷氣機品牌
2. 無線、吸力強吸塵器：Dyson、LG、Panasonic……等吸塵器品牌
3. 省油機車：三陽、光陽機車
4. 變頻省電電冰箱：Panasonic
5. 大尺吋＋高畫質電視機：SONY、三星、LG、Panasonic、HERAN（禾聯）……等品牌
6. 抗菌、抗病毒洗衣精：白鴿洗衣精
7. 高品質、高價衛生紙：五月花（厚棒、極上）、舒潔（喀什米爾）
8. 4G/5G 智慧型手機：iPhone、三星……等品牌
9. 電動機車：Gogoro、光陽、三陽
10. 多人座休旅車：TOYOTA、HONDA、NISSAN、BMW、BENZ……等汽車品牌
11. 豐田高價豪華車：LEXUS、Crown、Alphard（150 萬～ 350 萬元）
12. 百貨公司改裝及引進新專櫃、新餐飲：新光三越、SOGO、遠東百貨、微風百貨
13. 便利商店大店化、複合店化、特色店化：統一超商、全家
14. 藥局連鎖化、現代化：大樹、杏一
15. 電視新聞台兼網路新聞：TVBS、三立、民視、東森新聞台與新聞網

16. 4G 到 5G **電信服務**：中華電信、台灣大哥大電信、遠傳電信

17. Buffet **自助餐吃到飽往每人** 2,000 元～ 4,000 元走

　　君悅大飯店、晶華大飯店、寒舍艾美大飯店、饗食、旭集、饗饗……等

三、完全創新的成功案例

　　茲列舉近幾年來，屬於完全創新的企業成功案例：

1. iPhone 智慧型手機（2007 年全球首創）

2. Tesla（特斯拉）電動車（2017 年全球首創）

3. 4G、5G 電信服務

4. FB、IG 社群媒體（2008 年、2012 年全球首創）

5. Google 搜尋媒體（2009 年全球首創）

6. ChatGPT（生成式 AI）（2022 年全球首創）

7. 癌症標靶藥物（美國大藥廠首創）

8. 三井 Outlet 及 LaLaport 購物中心首創

9. 台灣好市多（美式大賣場首創）

10. 統一超商 CITY CAFE（咖啡）首創

11. 超商 ATM 提款機、鮮食便當、網購店取、賣霜淇淋、賣珍珠奶茶等，均為首創

12. 台積電的成熟製程與先進製程晶片半導體製造，亦屬全球首創

13. 美國輝達（NVIDIA）及 AMD 公司的 AI 晶片處理器，亦屬 2023 年之後的新創造出來

14. 醫院達文西手術機器及微創小洞口手術方式等，亦均為醫學界的首創

Chapter **9**

戰略性創新與戰術性創新

戰略性創新與戰術性創新

一、戰略性創新與戰術性創新的差別

（一）戰略性創新

係指此種創新是具有以下特性的：

1. 它是屬於戰略高層面的
2. 它是屬於具深遠性發展的
3. 它是屬於轉投資子公司模式的
4. 它是具有全公司廣度層面的
5. 它會較大影響到集團或公司總營收及總獲利的增加

（二）戰術性創新

係指此種創新具有以下特性：

1. 它是屬於戰術基層面的
2. 它是具有較短期性、當前、目前小層面的
3. 它是非屬公司整體廣大層面，而是較狹小層面的

二、戰略與戰術性創新的成功案例

如下圖示國內企業成功戰略與戰術性創新案例：

〈案例1〉統一企業集團

一、戰略性創新作為	二、戰術性創新作為
1. 母公司：統一企業（年營收450億） 2. 成功轉投資統一超商（年營收1,800億） 3. 成功收購家樂福60％股數（年營收900億） 4. 成功拓展中國市場（年營收1,200億） 5. 集團年合併營收突破6,000億元，成為國內綜合性食品、飲料及零售流通業第一名公司	1. 成功推出10種泡麵品牌 2. 成功推出5種茶飲料品牌 3. 成功推出2種鮮奶品牌 4. 成功推出非油炸式麵條的新泡麵 5. 每年創新、革新電視廣告片及品牌行銷活動

〈案例2〉統一超商集團

一、戰略創新作為

1. 母公司：統一超商
2. 成功轉投資下列公司：
   - 星巴克
   - 康是美
   - 中國7-11
   - 菲律賓7-11
   - 黑貓宅急便
   - 博客來
   - 聖娜麵包
   - 聖德科斯有機店
   創造集團總合併營收2,800億元。
3. 成功積極展店到6,800店
4. 成功小店大店化轉型拓展
5. 成功店內裝潢提升等級及新穎體驗

二、戰術創新作為

1. 成功推出下列創新商品及創新服務：
   - CITY CAFE（咖啡）
   - 鮮食便當
   - 關東煮
   - 珍珠奶茶
   - ATM提款機
   - 各項服務繳費
   - ibon機台購票
   - 網購代收店取
   - 集點送公仔
   - open point紅利點
   - i預購
   - B2B2C網購

〈案例3〉和泰汽車

一、戰略創新作為

1. 母公司：和泰汽車總代理公司
2. 成功引進TOYOTA平價車系及LEXUS高價車系代理銷售
3. 成功轉投資和泰產險公司（汽車產險）
4. 成功轉投資和潤公司（做分期付款）
5. 成功轉投全台8家大型汽車經銷商公司
6. 成功引進HINO品牌中大型商用車
7. 成功引進TOWN ACE轉型商用車
（創造集團合併總營收2,000億元）

二、戰術創新作為

1. 每2年推出一款新品牌車型上市銷售
2. 每年多支電視廣告宣傳片及多元化行銷活動
3. 每年公益行銷活動

〈案例4〉王品餐飲集團

一、戰略創新作為

1. 成功拓展出26個不同餐飲品牌
2. 成功開出全台320店
3. 成功推出「王品瘋美食App」，下載會員人數達350萬人（年營收210億）

二、戰術創新作為

1. 每個品牌的菜色定期創新
2. 每個品牌的促銷活動
3. 每個品牌的店面革新設計

〈案例5〉遠東零售集團

〈戰略創新〉

1. 成功開出：遠東百貨新竹的竹北店及台北信義區的A、B館
2. 成功開出：SOGO百貨台北超大型大巨蛋館（SOGO City）
3. 成功開出：SOGO百貨台北復興館，年營收破100億元
4. 成功改裝：SOGO百貨忠孝館一樓化妝品樓層
5. 成功開出：新竹巨城購物中心
   （遠東百貨年營收570億元，SOGO百貨年營收460億元，二家合計1,030億元）（超過新光三越880億年營收）

〈案例6〉富邦集團

〈戰略創新〉

1. 成功轉投資台灣大哥大公司（創造年營收900億元）
2. 成功轉投資富邦momo電商公司（創造年營收1,038億元）
3. 成功轉投資凱擘有線電視聯合公司（擁有有線電視收視戶數150萬戶家庭戶）

〈案例7〉宏碁集團

〈戰略創新〉

成功轉投資各行業10家子公司，均已成功上市櫃，成為「老虎隊」；解除原來acer宏碁公司做PC及NB的成熟飽和產業，並提高獲利率

〈案例8〉日本三井不動產集團

〈戰略創新〉

在日本及台灣，均成功開拓出三井Outlet（二手精品中心）及三井LaLaport大型購物中心的新零售行業，成功多角化事業經營

Chapter 10

企業成長的 2 個最大核心支柱：戰略創新與營運創新

一　戰略創新＋營運創新的意涵

二　國內成功企業集團案例

企業成長的 2 個最大核心支柱：
戰略創新與營運創新

一、戰略創新＋營運創新的意涵

　　支撐企業成長的最大 2 個核心重點，就屬兩個，一是要「戰略創新」，二是要「營運創新」；只要能做好這兩方面的大事，企業經營必能成功，也必能持續成長下去，不斷擴張事業版圖。

（一）戰略創新

　　所謂「戰略創新」（Strategy Innovation），係指企業在有關事業版圖的「成長戰略」，有相關創新的舉動及作法；也可視為一種「事業組合」（Business Mix）的不斷創新、擴張、前進及成長。

圖10-1　戰略創新的意涵

戰略創新
（Strategy Innovation）

企業「事業組合」、「經營組合」的不斷多樣化、多角化、強化、優化、改良、創新、壯大、成長

（二）營運創新

　　所謂「營運創新」（Operation Innovation），係指企業在其每天日常營運價值鏈環節活動上的持續創新作為。也就是指，企業在技術→設計→採購→製造→品管→物流→行銷→銷售→售後服務→會員經營等價值鏈活動環境上，能夠不斷有創新的作法及成果；也可視為一種「營運力」（Operation power）、「營運組織能力」（Operation capability）的大幅提升、強化、茁壯、成長。

圖10-2 營運創新的意涵

營運創新
（Operation Innovation）

↓

不斷在其日常營運活動價值鏈環節中，創新
價值、提升價值及成長、壯大

↓

從技術→設計→採購→製造→品管→物流→
行銷→銷售→售後服務→會員經營等，都能
改良、升級、創新及創造更多價值出來

圖10-3 戰略創新＋營運創新

① 戰略創新
(Strategy Innovation)

＋

② 營運創新
(Operation Innovation)

↓

支撐企業成長的最大2個支撐支柱

↓

· Business Growth
· 企業成長

二、國內成功企業集團案例

茲圖示幾家國內企業集團在「戰略創新」＋「營運創新」都很成功的公司：

圖10-4　案例

1 台積電公司

- 年營收：2兆台幣
- 企業市值：15兆，位居台灣第一名
- 最大戰略創新作為：持續專注在R&D研發投資，取得全球第一領先地位

2 統一企業集團

- 合併年營收：6,000億
- 企業市值：1兆元
- 國內最大食品、飲料及零售流通公司
- 最大戰略創新作為：
  成功轉投資統一超商（營收1,800億）、及成功轉投資家樂福（營收900億）、成功轉投資中國市場（營收1,200億）

3 統一超商集團

- 合併年營收：2,900億
- 國內最大超商連鎖，本業年營收1,800億元，總店數6,800店
- 最大戰略創新作為：
  (1) 35年來，不中斷持續加速展店
  (2) 店型不斷革新
  (3) 從小店到大店化創新
  (4) 產品組合不斷優化及創新

4 全聯集團

- 合併營收：2,000億
- 國內最大超市連鎖，計1,200店
- 最大戰略創新作為：
  (1) 25年來，透過併購＋自主展店，快速成長
  (2) 堅持只賺2%，低價策略
  (3) 超市商品不斷優化及創新

5 遠東零售集團

- 國內大型多角化企業集團，從水泥、銀行、航運、大飯店、紡織、電信到零售等，合併年營收超過4,000億元
- 最大戰略創新作為：
  成功轉投資遠東百貨，收購SOGO百貨及投資愛買、新竹遠東巨城購物中心，打出零售事業版

6 鴻海集團

- 合併年營收達6.6兆元，位居台灣第一名製造業集團
- 最大戰略創新作為：
  (1) 獲得美國Apple公司iPhone手機連續16年來的代工大廠，為蘋果產業鏈最大獲益者
  (2) 近十年來，快速併購好幾家科技公司、工廠，成功跨入科技產業

7 王品餐飲集團

- 國內第一大餐飲集團,旗下計有25個品牌及全台310店;另中國也有100店及10個品牌
- 最大戰略創新作為:
  - (1) 採取「多品牌、多價位」經營策略,快速擴大市場版圖
  - (2) 成功快速展店,搶占店面空間

8 和泰汽車集團

- 國內第一大汽車銷售集團,計有TOYOTA、LEXUS、HINO等3大日本品牌車在台灣代理。
- 汽車市占率達33%之高,年合併營收破2,000億元
- 最大戰略創新作為:
  - (1) 30年來,持續總代理日本TOYOTA汽車銷售權
  - (2) 成功轉投資汽車產險、分期付款、經銷等子公司

9 富邦集團

- 國內前2大金控集團,合併年營收突破4,000億元
- 最大戰略創新作為:
  - (1) 成功合併台北市銀行,更名為富邦台北銀行,擴大規模
  - (2) 成功轉投資台灣大哥大電信業,位居第2大電信服務公司
  - (3) 成功轉投資富邦媒體科技公司,打造出1,000億年營收的momo電商事業,位居全台第一大電商公司

10 台灣松下(Panasonic)

- 台灣松下公司為台資與日本Panasonic合資公司,來台60週年,已成為全台第一大家電業公司,年營收達350億元,超過本土家電公司甚多
- 最大戰略創新作為:
  60多年來,專注在大家電及小家電全系列家電產品的開發及營運,已成為國內第一名銷售實績的大型家電公司

Chapter **11**

創新與商品開發、研發「組織名稱」

一　企業創新，集中在「R&D（研發）」及「商品開發」兩個部門

二　高科技業、傳統製造業、零售業 R&D 組織案例

創新與商品開發、研發「組織名稱」

一、企業的創新，集中在「R&D（研發）」及「商品開發」兩個部門

企業的價值創新部門及工作，主要集中在：R&D 及商品開發部

（一）高科技公司

比較多狀況稱為「R&D」（Research & Development）研究發展部，簡稱為「研發部」；主要成員為科研人員或技術人員。

（二）傳統公司及零售公司

比較多狀況稱為「商品開發部」或「商品企劃部」，主要成員為商品企劃及開發人員。

二、高科技業、傳統製造業、零售業 R&D 組織案例

茲列舉幾個傳統製造業或零售業的商品開發組織：

（一）統一企業

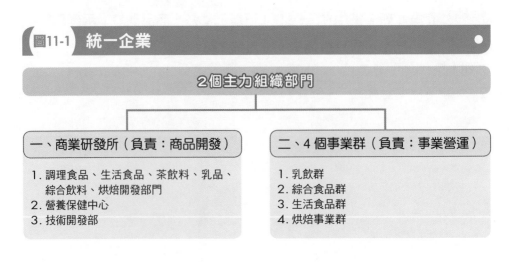

圖11-1 統一企業

2個主力組織部門

一、商業研發所（負責：商品開發）
1. 調理食品、生活食品、茶飲料、乳品、綜合飲料、烘焙開發部門
2. 營養保健中心
3. 技術開發部

二、4個事業群（負責：事業營運）
1. 乳飲群
2. 綜合食品群
3. 生活食品群
4. 烘焙事業群

（二）佳格食品集團（桂格）

圖11-2 **佳格食品（桂格）**　　　　　　　　　　　　　　●

3個主力組織部門

1. 研發處：負責新產品、新技術開發
2. 業務處：負責產品銷售及通路上架（經銷及零售點）
3. 行銷處：負責品牌廣告、宣傳、公關、活動等工作

（三）廣達集團

圖11-3 **廣達集團**　　　　　　　　　　　　　　　　　●

3個主力組織部門

1. 產品設計中心
2. 工業設計中心
3. 4個事業群

（四）統一超商

圖11-4 **統一超商**　　　　　　　　　　　　　　　　　●

2個主力組織部門

1. 行銷群：商品開發部
　　　　　行銷企劃部
· 行銷群負責商品開發工作及行銷廣告及促銷活動
2. 營運群（負責門市店日常營運及展店業務工作）

（五）全家便利商店

圖11-5　全家

3個主力組織部門

1. 商品本部：負責各項新商品研發及導入
2. 營業本部：負責門市店日常營運
3. 經營企業部：負責事業拓展專案企劃

（六）大立光科技公司

圖11-6　大力光

2個主力組織部門

1. 研發部：負責新產品研發工作
2. 業務部：負責接單外銷業務工作

（七）台達電公司

圖11-7　台達電

2個主力組織部門

1. 研發部：負責新技術趨勢、新產品研發及未來研發策略制訂
2. 新事業發展管理部：負責新事業探索及拓展工作

（八）台積電公司

圖11-8　台積電

研發主力組織部門

全球研發中心（Global R&D Center）（於2023年7月28日新成立，下一章專章介紹）

（九）日本花王日常消費品公司

圖11-9 日本花王

研發主力組織部門

1. 基礎技術研究院：針對新產品的原物料、化學品、包裝、基礎技術等負責工作
2. 應用產品開發研究院：針對實際上市新產品開發及既有產品改良工作
   （科學＋技術融合，不斷創造出革新性、高附加價值產品出來）

（十）日本日清食品公司

圖11-10 日本日清食品

2個主力組織部門

1. 全球創新研究中心：負責新產品研發工作
2. 全球食品安全研究中心：負責所有食品安全研究工作

（十一）日本豐田汽車公司

圖11-11 日本豐田汽車

研發主力組織部門

1. 日本總公司中央研究所
   （負責全球汽車研發統籌規劃工作）
2. 日本R&D中心（東京、橫濱、大阪、九州）
3. 北美洲R&D中心（美國）
4. 歐洲R&D中心（德國）
5. 中國R&D中心（上海）
6. 東南亞R&D中心（新加坡）
7. 印度R&D中心（新德里）
   （運用全球各國在地化優秀汽車研發及設計人才資源）

Chapter 12

創新與「產品力」（產品創新）塑造

創新與「產品力」（產品創新）塑造

一、創新對「產品力」很重要

　　任何的創新都很重要，尤其，創新對強大產品力的打造更是重要核心中的核心。因為，任何企業的「銷售核心」，就是指「產品」。有了 1. 優質好產品 2. 有顧客需求的好產品 3. 高品質產品 4. 有口碑的好產品 5. 對顧客真有好處／益處的好產品，以及 6. 耐用、好用的好產品，這項產品自然能夠長銷及暢銷；而要做到這些條件，就必須重視、活用創新的思維及作法，打造出如此強大的「產品力」出來，並勝過競爭對手。所以，任何創新必須先集中火力在「產品力」上。

圖12-1 「好產品」、「暢銷產品」、「長銷產品」10 個條件 ●

1	是優質產品	**6**	對顧客有益處、有好處（benefit）產品
2	高品質產品	**7**	能與時俱進、能不斷推陳出新產品
3	高質感產品	**8**	有高 CP 值產品
4	有好口碑產品	**9**	令人驚豔、驚喜、新鮮感產品
5	能滿足顧客需求性產品	**10**	使用後，體驗感良好產品

二、成功「創新產品」的 44 個企業案例

茲列舉如下圖示的「創新產品」成功案例：

圖12-2 **成功案例**

案例1 統一超商的CITY CAFE

・ 統一 7-11，在 2008 年成功創新出自動化咖啡機，推出平價 45 元的 CITY CAFE，目前，每年都賣出 3 億杯，創造一年 130 億營收之多

案例2 全家霜淇淋

・ 全家在 2012 年率先創新推出平價霜淇淋，以平價及各種口味吸引人，目前每年賣出 4,000 萬支，每支 40 元，一年業績達 16 億

案例3 統一超商與五星級大飯店推出聯名便當

・ 統一超商在 2023 年與多家五星級大飯店主廚合作，聯名推出「星級饗宴」的鮮食便當，創下一年銷量 300 萬個數及一年 3 億記錄

案例4 美國Apple公司的iPhone手機

・ 美國 Apple 公司在 2007 年，率先創新推出全球第一支智慧型手機，大大提升全球人類的通訊及上網查詢各功能，也為 Apple 帶來至今 17 年的大大獲利收獲，目前已革新到 iPhone 15 的第 15 代手機

案例5 美國Meta公司的FB及IG社群媒體產品

・ 美國 Meta（臉書）公司在 17 年前，率先創新推出 Facebook（FB），過 4 年，又收購 Instagram（IG），打造出二個大大影響人類及企業的社群媒體平台；而 Meta 公司也從 17 年的網路廣告收入甚為豐厚，這也是創新產品的一種

Chapter **12**

創新與「產品力」（產品創新）塑造

案例6　美國Tesla（特斯拉）電動車

- 美國 Tesla（特斯拉）汽車公司在 2018 年，在全球率先創新推出第一部沒有加汽油，而是用電池的電動車上市銷售，目前位居全球前 2 大電動車銷售業績。此種節能減碳的電動車，至今已漸成汽車市場銷售主力，目前占比為 30%

案例7　和泰TOYOTA汽車創新品牌

- 台灣總代理 TOYOTA 的和泰汽車公司，近 20 年來，每 2 年推出創新一款新品牌汽車，並涵蓋平價、中價、高價三種車款，適合各種所得者購買，目前全台市占率已達 33%之高

案例8　變頻省電冷氣機

- 近五年來，大金、日立、Panasonic 前 3 大冷氣機品牌，紛紛創新出變頻省電冷氣機，成為暢銷機種，由於每年夏天冷氣機使用電費很貴，成為消費者家庭之痛，此創新產品為家庭帶來很大益處

案例9　恆隆行代理引進高價Dyson吸塵器、吹風機、空氣清淨機

- 台灣恆隆行公司六年前代理引進來自英國的高價、好用、吸力強、無線的頂級吸塵器，一下子成為全台高價吸塵器的第一名品牌
- 英國 Dyson 公司創新產品的努力，值得肯定

案例10　饗賓餐飲集團推出5個Buffet自助餐品

- 饗賓集團在國內 Buffet 自助餐領域，創新推出五個不同品牌，成為此領域國內第一大市占率
- 5 個 Buffet 品牌，包括：饗食天堂、饗 A、饗饗、旭集、果然匯等 800 元～4,200 元的中價位及高價位 Buffet

案例 11 ▶ 台積電先進製程晶片

- 全球第一大先進製程晶片的台積電公司，著重在尖端科技創新及領先；目前在 5 奈米、3 奈米、2 奈米、1.4 奈米、1 奈米……等均保持全球領先
- 此種晶片科技創新，帶給台積電 51％毛利率及 40％獲利率的極高佳績

案例 12 ▶ 美國NVIDIA（輝達）AI GPU處理器

- 全球最先進的 AI GPU 處理器公司為美國 NVIDIA（輝達）所創新發明，帶給輝達 AI 新經濟時代來臨，該公司股價高漲及企業市值高達 1 兆美元，該公司使用的是台積電的高階 AI 晶片

案例 13 ▶ 大立光手機鏡頭

- 大立光手機鏡頭不斷尖端創新發展出更多個鏡頭、更高畫質、更廣環景的功能，獲得 iPhone 手機長期使用
- 大立光是台灣股價的股王，股價超過 2,000 元以上，很貴

案例 14 ▶ 三陽機車

- 2022 ～ 2023 年，二年間，三陽機車創新研發出既省油、又設計出年輕化和耐騎的多款新機車，大受市場歡迎，二年內，銷售市占率超越光陽機車，成為機車龍頭寶座，實屬典範案例

案例 15 ▶ 日本豐田汽車

- 日本豐田（TOYOTA）汽車近幾年來，成功研發設計出三款高價車品牌新車型，包括：Crown、Alphard、LEXUS，平均每台車價在 150 萬～ 400 萬元台幣之間，是很成功創新高價產品

案例16 永豐實紙品公司

- 永豐實公司多年來推出七款抽取式衛生紙及廚房用紙，市占率高達 35%，知名品牌有：五月花、柔情、得意
- 近幾年又創新推出五月花的厚棒、極上的頂級紙品，銷售不錯。此均為成功創新產品

案例17 寬宏展演公司

- 寬宏為國內最大展演公司，占有率高達 80%；小巨蛋的藝人演唱會及國外來的表演知名團體，幾乎均為寬宏所主辦，這些活動均為寬宏所創新展演主辦公司及售票公司

案例18 可口可樂公司創新原萃綠茶

- 可口可樂在 2016 年進口日本進口綠茶原料，並引進新製作工法，委託宏全公司代工，成功推出日式加糖及無糖綠茶，一炮而紅，近期又推出冷萃副品牌綠茶，兩者銷售均佳
- 這是創新茶飲料的成功案例

案例19 台灣11個新聞頻道創新，創下全球第一名最多國家

- 台灣的有線電視產業，創下全球最多新聞頻道第一名國家，計有 11 個頻道之多。從第 48 頻到第 58 頻道均是新聞台，計有：三立新聞、TVBS 新聞、東森新聞、民視新聞、年代新聞、非凡財經、東森財經、三立財經、壹電視……等

案例20 全球前5大名牌精品公司

- 全球前 5 大名牌精品公司，包括：LV、GUCCI、HERMÈS、CHANEL、DIOR 等，他們都不斷創新及設計新的皮包、新的服飾、新的女鞋；始終創下不斷成長的營收及獲利
- 這是精品業的長期創新致勝之道

案例21 ▶ momo電商

· 國內第一大電商公司富邦 momo，其商品總計已達 300 個品項，以及 1.5 萬個以上品牌數，提供豐富、多元且創新的線上產品力，成為 momo 年業績突破 1,038 億元佳績的成功因素之一

案例22 ▶ 寶雅美妝及生活用品連鎖店

· 國內第一大美妝及生活用品連鎖店，已突破 250 家，且坪數均在 200 坪～300 坪大坪數，品項總數高達 5 萬個之多，此種產品組合創新、多樣化及大店化，成為寶雅成功因素之一

案例23 ▶ AI伺服器代工公司

· 自 2023 年起，AI 經濟時代來臨，國內 AI 伺服器代工，成為電子業創新產品代表，包括：廣達、緯創、鴻海、英業達、和碩均因此新產品代工而股價上漲極多

案例24 ▶ 美國四大電影製片公司

· 近十年來，美國電影業界，由於他們的創新製作電影，找到好的劇本、好的演員、好的技術，所以推出很多賣座電影。包括：華納、環球、迪士尼、SONY 等均為創新電影產品的背後公司

案例25 ▶ 台灣松下（Panasonic）家電公司

· 位居全台第一大家電公司的台灣松下 Panasonic 公司，數十年來，不斷在電冰箱、洗衣機、冷氣機、微波爐、電子鍋、吸塵器……等大小家電的研發創新，使該公司年營收成為全台第一名家電公司

案例 26　迪士尼樂園

- 迪士尼樂園是全球唯一普及成功的主題樂園，裡面有很多創新產品、創新表演……等。在美國、日本東京、中國上海、香港、英國等國經營都很成功，亦屬創新成功的典範娛樂公司

案例 27　民視＋娘家保健品公司

- 國內民視無線台及有線台，是經營娘家品牌保健品很創新、很成功的一家電視媒體
- 目前，民視一年廣告收入為 17 億元，娘家產品收入為 10 億元，但娘家品牌成為獲利最大來源，超過電視台

案例 28　全聯超市開發自有品牌

- 全聯是全台第一大超市公司，計有 1,200 店，年營收超過 1,700 億元
- 全聯近幾年成功推出自有品牌（PB）產品，包括：阪急麵包、We Sweet 甜點蛋糕及美味屋小菜／便當／冷藏食品等創新 PB 產品

案例 29　統一企業泡麵 10 個品牌

- 統一企業多年來始終在主力產品泡麵項目上，不斷推陳出新，除創新品牌外，也創新口味。目前，計有 10 個泡麵品牌，年營收為 60 億元，居台灣第一大，市占率達 45%。主力品牌有：來一客、滿漢大餐、統一麵、大補帖、阿 Q 桶麵

案例 30　統一企業茶飲料 4 個品牌

- 統一企業多年來，開拓出 4 個知名茶飲料品牌，包括：麥香、純喫茶、茶裏王、濃韻等；口味方面也含蓋綠茶、紅茶、烏龍茶、高山茶等多元口味。此 4 品牌均排名在前 10 大茶飲料品牌之內

案例31 ▶ 愛之味罐頭食品

· 愛之味食品公司是國內做罐頭食品市占率最高的公司，也在罐頭食品的原料選擇不斷推陳出新，獲得國人好評。例如：花生牛奶、麵筋土豆、菜瓜……等，均為第一名罐頭食品

案例32 ▶ 蘭蔻小黑瓶保養品

· 屬於萊雅美妝集團的法國蘭蔻保養品，創新出在台灣非常暢銷的高價第一名保養品，稱為「小黑瓶」，因其保養女性熟女皮膚效果甚佳，雖價格高，但在週年慶時仍為賣得最好的品項

案例33 ▶ 台灣好市多精選產品

· 台灣 Costco（好市多）的特色，除美式賣場外，另一特色就是他們採購人員對挑選產品的專業度及精準度均很高且創新，雖賣場內只有 3,500 個品項，但每個產品都賣得很好

案例34 ▶ 聯華食品公司萬歲牌堅果

· 聯華食品的萬歲牌堅果，是全台賣得最好的堅果品牌，它的堅果產品，品項最多樣化、包裝最好看，這是不斷創新的成果

案例35 ▶ 樂事洋芋片

· 百事食品公司生產的「樂事」洋芋片，是國內市占率第一名的洋芋片零食；主要是它在口味上，不斷創新及變化，吸引年輕客群的喜愛

案例36 ▶ 日系優衣庫（Uniqlo）＋GU雙品牌服飾

· 日系的國民服飾，在台灣以優衣庫（Uniqlo）及 GU 雙品牌位居市占率最高；優衣庫的成功，就是：平價＋款式簡單創新＋門市店多＋產品品項好

案例37 好來牙膏

- 好來（已改名，前稱黑人牙膏）牙膏為國內牙膏市占率第一名的牙膏產品，它在產品功效上的創新、包裝上創新、口味上創新，是它成功的關鍵因素

案例38 桂冠湯圓及火鍋料

- 桂冠公司的各種口味湯圓及各式各樣火鍋料，始終居國內市占率第一名，它以品質佳、口味選擇多、創新及價格合理成為成功因素

案例39 象印電子鍋

- 日系象印品牌是專門以生產電子鍋聞名的專業製造公司；它在電子鍋的功能上、造型上、好吃米飯口味上，均不斷革新、創新及進步

案例40 威秀電影院

- 威秀電影院是國內市占率第一的電影院及附設商場的服務公司。它的成功，主要是上檔電影多且好看，再加上附設餐飲商場的不斷創新，受到消費者肯定

案例41 超商網購店取服務

- 幾年前，超商開始推出創新的網購店取服務項目，成為各大超商很大服務費收入的重要項目之一，此亦國內各大超商非常成功的創新服務

案例42 和泰汽車TOWN ACE輕型商用車

- 和泰汽車公司三年前後發品牌推出 TOWN ACE 的輕型商用車，結果因商品力好、價格又低，銷售成績很好，一下子超過原來第一名的中華汽車商用車，此亦創新成果

案例43　德國雙B豪華車（賓士、BMW）

· 2023 年度，全球整個年度賣得最好的豪華車品牌，就屬德國的 BMW 汽車及賓士汽車，兩個品牌各自的全球銷售量都超過 200 萬台之多；此乃因這兩家豪華汽車廠不斷推陳出新的成果所致

案例44　台灣代駕公司

· 台灣近四年來，新冒出一家代駕公司，它以利基型的小眾顧客群為市場，經過各種創新努力，終於成功步上軌道，成為全台第一名的代駕服務公司

三、如何提高產品「創新價值」的 14 個方向

　　到底企業應該從哪些方向，可以有效的提高產品的創新價值，而可以提升產品的價格及獲利？主要有如下圖示 14 個方向著手：

圖12-3　產品創新價值

方向1　從技術升級面著手

· 提升技術的等級、階段性、創新性、機能性、功能性、功效性、效益性、帶給消費者好處在哪裡等，打造出產品價值出來

方向2　從口味調整、改變、創新著手

· 食品業、飲料業、冰品業、零食業、手搖飲業、速食業、餐飲業等，可從產品的各種口味調整、改變、創新著手，打造出價值出來

方向3　從食材面著手

· 餐飲業、速食業、超商鮮食業等，可從食材的新鮮度、等級度、多樣性、品質性等著手調整、升級、創新，以打造出更高價值出來

方向4　從設計面著手

· 各種產品，可以從它的內在設計及外在設計，呈現出它們更受消費者歡迎與喜愛設計感受出來，以打造出產品價值出來

 方向5　從汽車內裝面著手

· 汽車業的外型設計固然重要，但內裝、內部裝潢、裝飾、設計、等級、豪華度等，也要升級及創新，才能打造出汽車價值出來

 方向6　從手工打造面著手

· 歐洲名牌精品業、Buffet 自助餐廳現做區……等，都從現場手工打造的特色為訴求，也可以創造出產品價值出來

 方向7　從製程品質及良率面著手

· 各式各樣的產品，可以從製程的高品質及高良率著手改良、改善、提升，以創造出產品價值出來

 **方向8　從製造＋服務一整套解決方案面著手**

· 有時候，企業不只是賣產品硬體而已，而更是要賣後續的服務及軟體價值，形成一個整套的 solution 解決方案，才能提高產品價值出來

 **方向9　從改裝、升級裝潢面著手**

· 很多百貨公司、大型購物中心、超商、超市、美妝連鎖店等，都會定期改裝、升級裝潢，使消費者更有好的體驗，可以提高價值

 方向**10** 從產品包裝面著手

・很多日常消費品、日用品、食品、飲料的產品外在包裝設計及包裝文案、品牌名稱、包裝色彩吸引度等,也都會影響到整個產品價值的提高

 方向**11** 從現場服務面著手

・很多的產品,是屬於服務業,因此,在第一線的專櫃、專賣店、門市店等服務人員及銷售人員的素質及服務態度就會影響到此產品價值感,所以要先做好現場服務,才能賣掉產品

 方向**12** 從產品命名面著手

・一個產品的命名,能夠易記、易唸、易說、易傳播且有質感及獨特性,那麼也能提升此產品的價值感

 方向**13** 從高品質面、高質感面著手

・現在是高度現代化及物質充沛的時代,任何產品必須要有高品質、有高質感才會接受到消費者好口碑,也才能提高此產品價值感

 方向**14** 從產品成份組成及功效面著手

・例如:藥品業、保健品業、食品業、飲料業、洗面乳、洗髮精、沐浴乳等產品,就很重視產品的成份組合,是否安全、安心、有認證、有保證、有效果等,都有助此產品價值提升

Chapter **12**

創新與「產品力」(產品創新)塑造

四、產品創新可行性評估的兩大面向：市場可行性＋技術可行性

當任何既有商品或新產品要改良、要升級、要創新、要上市時，都應該考量到及做好如下圖示的兩大面向可行性分析：

圖12-4 產品創新的兩大面向可行性評估

| **1** 市場可行性評估 | ＋ | **2** 技術可行性評估 | → | 保證產品創新的成功基柱 |

五、市場可行性評估的 11 個項目

而市場可行性評估，更是重中之重。市場可行性評估項目，包括：

圖12-5 市場可行性的 11 個評估項目

1 顧客對此創新有沒有真的需求？需求性大不大？

2 顧客對此創新產品會不會想買？有沒有期待性？

3 顧客在多少錢範圍內，才會想買？

4 顧客為什麼要買？原因是什麼？

5 此創新產品的目標客群是那些人？

6 定價多少才會買？

7 此創新產品有沒有那些特色、差異化、不同處、新鮮處？

8 對顧客的利益點（benefit）在那裡？

9 此創新產品有沒有類似競爭對手？

10 此創新產品的市場總潛力產值規模有多大？

11 此創新產品的未來成長性多大？

六、產品改良、升級、創新價值的合作團隊 8 個組織部門

　　企業對既有產品的改良、升級、增值或對新產品的創新，都不是某個單位的功勞，而是要整個團隊合作的共同成果展現，這些包括下列圖示 8 個部門：

圖12-6　既有產品及新產品增值及創新的合作團隊（8 部門）

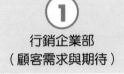

① 行銷企業部（顧客需求與期待）

② 業務部（第一線業務人員意見）

③ 商品企劃與開發部（商品創意及開發）

④ 研發部、技術部（技術配合）

⑤ 設計部（產品設計配合）

⑥ 製造部（產品生產）

⑦ 品管部（產品品管保證）

⑧ 採購部（原物料、零組件採購配合）

七、光只是強大產品力創新也不行，必須再搭配另外 8 個工作

　　企業實戰上，不能光只是強大產品力的升級、增值、創新就可以了，要達到產品暢銷、賣得好，必須要有其他 8 個工作做好搭配才行：

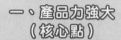 光只是產品力創新強大也不行，必須再搭配另外
8 項工作

一、產品力強大
（核心點）

二、必須再搭配另外8項工作

1	定價力（高 CP 值感受、合宜價格）	5	人員銷售團隊（第一線業務人員很會賣）
2	通路力（方便、快速、到處買得到）	6	服務力（售前、售中、售後服務很好）
3	廣告宣傳力（讓消費者知道有此產品）	7	品牌力（任何產品都要打出品牌知名度、好感度、信賴度）
4	促銷力（若有促銷優惠檔期活動更好）	8	要觀察主力競爭對手的優勢及行銷動作

八、新產品創新也可能失敗的 12 個原因

　　任何各行各業新產品創新，不是每個都會成功的，創新失敗的可能性也是很高的，不得不注意：

圖12-8　新產品創新可能失敗的 12 個原因

原因 1

顧客需求性不高、期待性也不高

原因 2

此產品對顧客的好處（benefit）、有益點不太多

原因 3

顧客沒有驚豔感、驚喜感

原因 4

產品不好用、不好吃、不好看、不耐用、不省電、不省油

原因 5

品質不夠好，質感度也不夠高

原因 6

成本及定價感覺偏高

原因 7

設計及包裝不夠吸引人

原因 8

品牌命名不好記、不易記、不好說

原因 9

上市後，廣告量太少，曝光度不夠，產品知名度太低

原因 10

產品通路上架據點不夠普及、不方便買到

原因 11

技術沒有特色、沒有差異性

原因 12

市場上既有競爭對手已太多

Chapter **12**

創新與「產品力」（產品創新）塑造

Chapter 13

挑選全台「最會創新」的
26 個行業第 1 名企業

一 全台最會創新的 26 個行業第一名公司要點

挑選全台「最會創新」的 26 個行業第 1 名企業

一、全台最會創新的 26 個行業第一名公司要點

茲列舉如下圖所示的 26 個行業最會創新第一名公司：

圖13-1

 1 晶片半導體第 1 名：台積電

- 台積電公司為全球先進晶片製程技術創新領先
- 年營收額達 2 兆台幣
- 技術創新及領先為其強項

2 餐飲集團第 1 名：王品

- 王品餐飲集團以 25 個品牌的「多品牌、多價位」策略，成功開拓國內各類餐飲
- 年營收額 210 億，全台 320 店

 3 電商業第 1 名：momo

- 富邦 momo 為全台營收額最大之電商業，達 1,038 億元
- momo 以多元品項、快速物流、低價、服務好等創新行為領先其他電商公司

 4 美妝、日常用品連鎖店第 1 名：寶雅

- 寶雅為國內最大美妝及日常用品的連鎖店，店數達 400 家，年營收達 200 億元
- 寶雅以品項多、門市店面坪數大、燈光明亮、定位在女性客群等為其創新成果

 5 藥局連鎖店第 1 名：大樹

- 近年快速崛起的藥局專業連鎖店，以大樹藥局為第 1 大；該連鎖店以現代化裝潢及分類，營造出創新的藥局，以品項多樣、門市寬敞、燈光明亮、藥劑師專業服務等為其創新成果

 6 超市連鎖店第 1 名：全聯

- 全聯超市為近 20 多年來，快速展店成功的第 1 名超市業者
- 全聯目前計有全台 1,200 店，年營收突破 1,700 億元
- 全聯以併購及自己快速展店模式創新，建立起無人可超越的 1,200 家超市門市店的極高別人進入門檻；近年又併購大潤發量販店

7 全台合併營收額最大製造公司：鴻海

- 鴻海年合併營收額高達 6.6 兆元台幣，位居全台第 1 大民營製造公司，勝過第 2 名台積電的 2.2 兆元台幣
- 鴻海過去 20 多年來，以快速併購的創新策略，使鴻海集團快速擴大事業版圖；過去，鴻海以代工美國 Apple 公司 iPhone 手機為主力，近十年又擴張到自動車、伺服器、半導體等多角化高科技領域

 8 汽車代理、銷售業第 1 名：和泰汽車

- 和泰汽車為日本 TOYOTA 豐田系列汽車的台灣總代理公司，目前汽車銷售市占率第 1 名，高達 33%，年合併營收超過 2,000 億元之多
- 和泰汽車以每 2 年推出一款新車型的推陳出新贏得高市占率。加上近十年來，又開拓出汽車週邊新事業成功，成為汽車業第 1 大集團

 9 機車業第 1 名：三陽機車

- 三陽機車在二年前曾是國內機車銷售市占率第 2 名，落後光陽機車甚多；但經過一連串推出年輕化設計的新車型，加上又創新出省油、耐騎新機車功能，終使其市占率從 24% 向上爬升到目前 41%，位居第 1 名，這些都是三陽機車近年來創新、改革的成果

 10 家電業第 1 名：台灣松下（Panasonic）

- 台灣松下為台、日合資公司，在台已 60 週年，Panasonic 多年來，在大家電、小家電均衡發展及在產品上不斷革新、創新，加上它的行銷及廣告均很成功，打造出可信賴、有好口碑的日系家電品牌。它的電冰箱及洗衣機均是第 1 名市占率，冷氣為第 2 名市占率
- 台灣松下年營收額為 350 億元

 11 超商業第 1 名：統一超商（7-11）

- 統一超商 36 年來，始終位居國內第 2 名的全家超商，目前總店數高達 6,800 店，年營收超過 1,800 億元
- 統一超商多年來，以大店化創新，加上產品組合不斷優化、革新，以及各種服務收入的創新，使其能保持穩定的 3%～6%的年成長率

 12 食品、飲料業第 1 名：統一企業集團

- 統一企業 50 多年來，始終位居全台第 1 大食品及飲料業，其本業年營收為 450 億，合併所有轉投資子公司之合併營業營收額，高達 6,000 億元之多，成為最大的本土消費品企業集團
- 統一企業在食品及飲料上，也不斷在產品、行銷、廣告、通路、品牌上面，不斷創新、革新所獲成果

13 高價位吸塵器第 1 名：Dyson

- 來自英國的高價位吸塵器品牌 Dyson，近幾年在台灣賣的很好，成為國內高價位吸塵器銷售市占率第 1 名。該品牌由國內恆隆行公司所進口代理銷售
- Dyson 的成功，就在於它的產品功能上、特色化的創新成功，再加上各種媒體大幅報導宣傳的成功

14 量販店業第 1 名：Costco（好市多）

- 台灣 Costco（好市多）全台有 14 大店，一年創下 1,400 億元年營收額，位居量販店業第 1 名，超越第 2 名的家樂福
- 台灣好市多以美式量販店為最大特色，加上 4,000 個品項的精挑細選，符合顧客需求，再加上價格便宜，成就台灣好市多的成功

15 新聞台收視率第 1 名：TVBS

- 有線電視新聞台有 13 個頻道之多，其中，以 TVBS 及 TVBS-N 兩個頻道的合計收視率為最高
- TVBS 及 TVBS-N 兩個新聞頻道不斷在新聞內容及節目內容上持續創新及進步

16 燕麥片、奶粉第 1 名：桂格

- 桂格食品公司在燕麥片及奶粉產品市占率，均位居第 1 名
- 桂格之產品推陳出新，通路上架普及及行銷廣告的創新，獲致今天成果

17 罐頭食品第 1 名：愛之味

- 愛之味公司在國內各種罐頭食品中，品項最多且市占率最高；它的花生牛奶罐頭、豆腐罐頭、脆瓜罐頭、花生麵筋罐頭，均為市場上第 1 名
- 愛之味固守這些經典產品，並不斷創新出其他新口味、新食材罐頭，保持不斷成長

18 百貨公司業第 1 名：新光三越

- 新光三越百貨全台計 19 館，年營收達 880 億元，為全台第 1 名百貨公司
- 新光三越，每年不斷升級裝潢、改變樓層經營內容及引進新產品專櫃及新餐飲，並經常性舉辦各種展貿活動吸引人潮，始終保持第一大百貨公司

19 Buffet 自助餐飲業第 1 名：饗賓

- 國內在深耕 Buffet 各式自助餐廳第 1 名最大市占率公司為饗賓餐飲集團
- 該公司計有：饗食天堂、旭集、饗饗、饗 A、果然匯等 5 個自助餐廳品牌
- 該品牌在菜色上、餐廳裝潢等級上、客人服務上、價位上均有不斷創新及推陳出新

20 洋芋片零食業第 1 名：樂事

- 國內在洋芋片市占率上第 1 名是百事食品公司的樂事品牌
- 該品牌以不斷推出多元口味及多元食材的各式洋芋片，以及平價位價格與通路上架優勢，成為該品類第 1 名市占率

21 咖啡連鎖店第 1 名：星巴克

- 國內營收額最大的咖啡連鎖店以星巴克位居第 1 名，路易莎居第 2 名
- 星巴克以 400 家連鎖店數的方便性、打造各地特色店風格、咖啡及飲料、糕點上的多元化口味創新、革新，仍吸引不少顧客上店消費

22 速食連鎖店第 1 名：麥當勞

- 國內西式速食連鎖店第 1 名為麥當勞。麥當勞股權已賣給本土財團國賓集團
- 麥當勞店數 300 多家，加上漢堡口味及食材不斷推陳出新，以及店內數位化點餐機與電視廣告大量曝光的行銷創新，使它保持市占率最高

23 服飾業連鎖店第 1 名：優衣庫（Uniqlo）+ GU

- 國內服飾業連鎖店店數及營收最大的就是來自日本的優衣庫（Uniqlo）及其另一品牌 GU
- 該兩個品牌，均以親民平價策略、大店化門市店、服飾款式推陳出新及行銷創新等而保持第 1 名市占率

24 衛生紙及廚房用紙業第 1 名：永豐實

- 國內在衛生紙及廚房用紙品的第 1 名市占率為永豐實公司，該公司計有：五月花、柔情、得意、厚棒、極上等多樣化價位、多品牌的紙片，合計市占率達 35%，該公司在紙品創新上有很好表現

25 大型 Outlet 及大型購物中心業第 1 名：三井

- 近幾年來，新崛起來自日本的三井不動產，大量投入在 3 家大型 Outlet 及 3 家大型 LaLaport 購物中心，成為這二個零售領域的第 1 名市占率
- 此種大手筆資金投入及零售業態的創新，是它的成功之處

 26 歐洲名牌精品業前 5 名：LV、GUCCI、HERMÈS、CHANEL、DIOR

- 在台灣，業績前 5 名的歐洲名牌精品業者，包括：LV、GUCCI、HERMÈS、CHANEL、DIOR 等五大品牌業者，都是全球知名且業績良好的名牌包、名牌服飾、名牌女鞋的代表業者
- 由於這些名牌精品業者在設計上、在產品品質上、在行銷宣傳上、在口碑上，均有優良的不斷推陳出新表現，始有今日成果，而且百年不墜

Chapter 14

創新與「多品牌、多價位」策略運用

創新與「多品牌、多價位」策略運用

一、「多品牌、多價位」創新策略的 7 項好處及優點

最近十年來,已有愈來愈多的企業採取「多品牌、多價位」策略,它已被證實是成功及有效的企業創新策略之一種。採取「多品牌、多價位」可以為企業帶來下列幾點好處:

1. 可覆蓋更多樣化的消費族群及更多的區隔化市場
2. 可滿足顧客更多元化的需求性
3. 可帶動更高的營收及獲利
4. 可搶占更大市占率
5. 可攻下更多門市店空間
6. 有助內部組織及人員的良性競爭
7. 可滿足通路零售商的多元化需求

圖14-1 「多品牌、多價位」創新策略的 7 項好處、優點

1	可涵蓋更多樣化消費族群及更多元化區隔市場	5	可攻下更多門市店好空間、好地點
2	可滿足不同族群的需求性	6	可有助組織內部良性競爭
3	可帶動更多營收及利潤	7	可滿足零售通路商多元化需求
4	可搶占更大市占率		

二、「多品牌、多價位」的 21 個成功企業案例

茲列舉下列圖示的各行各業採取「多品牌、多價位」的成功案例：

圖14-2 成功案例（略舉）

案例1 ▶ 王品餐飲集團

1. 火鍋品牌
   石二鍋、青花驕、和牛涮、尬鍋、嚮辣、旬嚐、12MINI、聚……等八個火鍋品牌
2. 燒肉品牌
   原燒、最肉、肉次方……等 3 個燒肉品牌
3. 鐵板燒
   夏慕尼、Hot7、阪前、就饗……等4 個鐵板燒品牌。
4. 其他：
   西堤、陶板屋、王品牛排

案例2 ▶ 瓦城餐飲集團

1. 泰式瓦城
2. 非常泰
3. 大心
4. 時時香
5. 1010 湘
6. 月月 THAI BBQ（6 個品牌）

案例3 ▶ 王座餐飲

1. 段純貞
2. 大阪王將
3. 杏子豬排
4. 京都勝牛
5. 韓式橋村炸雞（5 個品牌）

案例4 ▶ 饗賓餐飲集團

1. 饗食天堂
2. 饗饗
3. 旭集
4. 果然匯
5. 饗 A

案例5 ▶ 萊雅美妝集團

1. 巴黎萊雅
2. 蘭蔻
3. 植村秀
4. MAYBELLINE（媚比琳）
5. 碧兒泉
6. Kiehl's
……等

案例6 晶華大飯店集團

1. 晶華
2. 晶英
3. 晶丰
4. 捷絲旅

以上 4 個品牌。

案例7 永豐實紙品公司

1. 五月花（極上、厚棒）
2. 得意
3. 柔情

大約有 7 個衛生紙、紙巾品牌。

案例8 P&G（寶僑）洗髮精

1. 飛柔
2. 潘婷
3. 海倫仙度絲
4. 沙萱

以上 4 個洗髮精品牌。

案例9 花王

1. 花王
2. Bioré
3. SOFINA
4. Curél 珂潤
5. 魔術靈
6. 一匙靈
7. 新奇
8. 逸萱秀
9. 妙而舒
10. 蕾妮亞

大約有 10 多個日用品品牌。

案例10 佳格食品

1. 桂格
2. 天地合補
3. 得意的一天
4. 福樂

以上 4 個品牌。

案例11 味全

1. 林鳳營鮮奶
2. 萬丹

以上 2 個鮮奶品牌。

案例12 統一企業泡麵

1. 統一麵
2. 滿漢大餐
3. 來一客
4. 大補帖
5. 阿 Q 桶麵
6. 科學麵

大約有 10 個泡麵品牌。

案例**13** 統一企業茶飲料

1. 茶裏王
2. 麥香
3. 純喫茶
4. 濃韻

以上 4 個茶飲料品牌。

案例**14** 味丹泡麵

1. 味味 A
2. 味味一品
3. 味味麵
4. 隨緣
5. 雙響泡

以上 5 個泡麵品牌。

案例**15** 中華航空

1. 華航
2. 台灣虎航

案例**16** 遠東零售事業

1. 遠東百貨
2. SOGO 百貨
3. 愛買
4. c!ty'super
5. 新竹巨城購物中心

以上 5 個品牌。

案例**17** 日本Uniqlo（優衣庫）服飾

1. Uniqlo（優衣庫）
2. GU

案例**18** 和泰汽車（TOYOTA）

1. Vios
2. Altis
3. Camry
4. Yaris
5. Wish
6. Sienta
7. Sienna
8. Crown
9. Alphard
10. Cross
11. Town Ace
12. HINO
13. LEXUS

案例**19** 百事食品

1. 樂事洋芋片
2. 多力多滋

案例20　LVMH精品集團

1. LV
2. CHANEL
3. DIOR
4. Tiffaney
5. 紀梵希
6. 寶格麗
大約有 20 多個精品品牌。

案例21　築間餐飲集團

1. 築間幸福鍋物
2. 燒肉 smile
3. 本格和牛燒肉
4. 有之和牛鍋物
大約有 6 個餐飲品牌。

三、多品牌策略執行 6 個注意點

企業採取多品牌策略，必須注意下列 6 點：

1. 定位要有所不同、有所區隔，勿踩彼此紅線，勿自我互相蠶食
2. 客層要有不同
3. 價位要高、中、低，有區隔化
4. 門市店裝潢及風格要區隔化
5. 品牌名稱要不同
6. 產品口味、成份、內容、特色要有所不同

圖14-3　多品牌策略的 6 個應注意點

1 ｜ 定位要有所不同、要區隔化

2 ｜ 客層要有所不同

3 ｜ 定價要高、中、低有所不同

4 ｜ 門市店裝潢、風格要有不同

5 ｜ 品牌名稱要不同

6 ｜ 口味、成份內容、特色要有不同

每品牌都要不同、要有獨立性，勿彼此踩線

四、淘汰機制

當某個品牌長期不賺錢時，就要淘汰它、關掉它。

五、輔導機制

當某個品牌獲利率連續低於 5% 時，即要專案輔導，使其回到 5% 以上。

六、不斷推出新品牌

當你不推出新品牌時，你的競爭對手也會推出新品牌，占據更多市占率，故要每年、每二年定期推出新品牌。

七、多品牌 3 種來源

多品牌的來源，主要有三種：
1. 自己開發、開拓的
2. 併購別人而來的
3. 代理國外來的

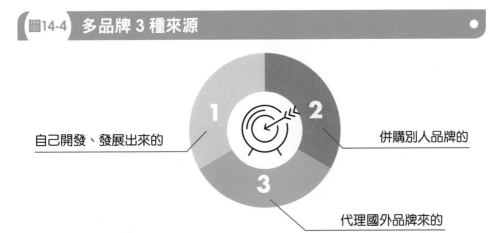

圖14-4 多品牌 3 種來源

1 自己開發、發展出來的

2 併購別人品牌的

3 代理國外品牌來的

「事業經營組合」的創新、革新

Chapter 15

「事業經營組合」的創新、革新

一、「事業組合」創新、革新的意涵

所謂「事業組合」（Business Portfolio）（Business Mix）創新、革新，就是指企業必須不斷的對他們自己的事業體、事業項目，進行定期的檢視、檢討、評估、考核，並進行必要的「汰劣留優」、必要的「調整、優化」行動，以確保：

1. 把不賺錢的、虧錢的、沒有未來性的事業體，關掉及處份掉
2. 把賺錢的、有未來性、有成長性、是明日之星潛力的事業體，加以發揚光大，擴大投資投入經營

二、「事業經營組合」創新、革新的企業成功案例

茲圖示下列企業，他們在事業組合不斷革新、創新的成功案例：

圖15-1　成功案例

案例1　鴻海集團

- 鴻海公司，計有A、B、C、D、E、S等6個事業體，分管不同的產品型態
- 另投資子公司：富士康、鴻佰、鴻準、鴻騰等十多家子公司
- 上述「事業組合」，創出一年6.6兆第一名合併營收額

案例2　統一超商

- 母公司：統一超商
- 事業組合（子公司）
  1. 星巴克
  2. 康是美
  3. 黑貓宅急便
  4. 菲律賓 7-11
  5. 中國 7-11
  6. 博客來
  7. 聖德科斯
  8. 其他
- 一年創造出 2,900 億合併營收

案例3　全家

- 母公司：全家超商
- 事業組合（子公司）
  1. 福比麵包廠
  2. 全家國際餐飲公司
- 事業組合（子公司）一年創造出合併營收 900 億元

案例4 ▶ 遠東集團

- 母公司：遠東控股公司
- 事業組合（子公司）
  1. 遠東銀行
  2. 遠傳電信
  3. 遠東百貨
  4. 遠東 SOGO 百貨
  5. 遠東大飯店
  6. 遠東新竹巨城購物中心
  7. 遠東航運
  8. 其他製造業
- 創造一年 4,000 億以上合併營收額

案例5 ▶ 富邦集團

- 母公司：富邦金控公司
- 事業組合（子公司）
  1. 富邦台北銀行
  2. 富邦證券
  3. 富邦人壽
  4. 台哥大電信
  5. 富邦 momo 電商
  6. 凱擘有限電視
- 一年創造出 4,000 億以上合併營收額

案例6 ▶ 民視

- 母公司：民視無線台
- 事業組合（子公司）
  1. 民視新聞台
  2. 娘家保健品行銷公司
  3. 民視網路新聞
- 一年創造 30 億合併營收額

案例7 ▶ 統一企業集團

- 母公司：統一企業
- 事業組合（子公司）
  1. 中國統一控股
  2. 統一超商（7-11）
  3. 家樂福
  4. 統一建設
  5. 統一證券
  6. 統一時代百貨
  7. 其他 10 多家子公司及子系公司
- 一年創造合併營收額達 6,000 億元以上

案例8 ▶ 和泰汽車代理公司

- 母公司：和泰汽車
- 事業組合（子公司）
  1. 和泰產險
  2. 和潤公司（分期付款）
  3. 和上公司（租車公司）
  4. yoxi 叫車公司
  5. 和泰經銷商公司
- 一年創造合併營收額 2,000 億

不同產業類型的不同創新重點

Chapter 16

不同產業類型的不同創新重點

一、高科技業及外銷出口製造業的創新著重點

近一、二十年來，台灣經濟 GDP 的成長，很大一部分是由「高科技業」及「外銷出口製造業」，所創造出來的經濟產值及經濟成長率。這些行業，包括：半導體業、電子業、電腦業、網路通訊業、機械業、化工業、石化業、電機業、面板業、汽車業、機車業、低軌衛星業、電動車業、綠能業、自動化業、氫能源業、自行車業、零組件業、手機代工業……等均屬之。上述這些行業的「創新重點」，主要集中在 4 點：

（一）技術領先創新

集中在科技創新、技術創新、R&D（研發）等改良式創新及完全式創新，簡稱為「技術領先創新」。

（二）製造、製程創新

集中在製造流程、製程作業、製程技能、製造設備等領域上的改良式創新及全新式創新。

（三）客戶（B2B）服務價值創新

第 3 個創新就是指，對海外大型（B2B）客戶的服務創新，使成為整套式的完全解決與高附加價值服務提供廠商。

（四）海外全球生產據點布局創新

第 4 個創新就是指，外銷廠商及高科技廠商，必須隨著客戶的指示，就近靠近客戶市場的國家設立生產據點或是以低成本的東南亞國家、印度、墨西哥等國家設立生產據點及供應鏈。

圖16-1　高科技業及外銷出口廠商的 4 個創新著重點

1 技術領先創新優勢	2 製造、製程創新優勢	3 客戶（B2B）整套服務價值創新優勢	4 海外全球生產據點布局創新優勢

二、非高科技、非外銷出口、而是內需及內銷業的創新著重點

（一）超商、超市、量販店業的創新著重點

國內零售業主力的超商、超市及量販店業的創新工作著重點，主要在下列圖示：

圖16-2 超商、超市、量販店業的創新著力點

1 店內產品組合的優化及創新

2 店型、店內裝潢的優化及創新

3 現場服務的優化及創新

4 自有品牌推出的創新

5 通路據點數規模化的創新

6 定價、平價、高CP值的創新

7 促銷活動更加頻繁及更加創新

（二）百貨公司、購物中心業的創新著重點

圖16-3 百貨公司、購物中心業的創新重點

1 專櫃品牌組合不斷的優化及創新

2 樓層裝潢、改裝的不斷升級及創新

3 餐飲品牌組合不斷的優化及創新

4 各項特展與活動的創新

（三）消費品／日用品／家電品／食品飲料業的創新重點

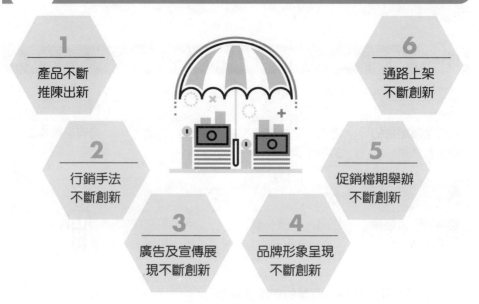

圖16-4　日用品、家電品、食品、飲料業的創新重點

1 產品不斷推陳出新

2 行銷手法不斷創新

3 廣告及宣傳展現不斷創新

4 品牌形象呈現不斷創新

5 促銷檔期舉辦不斷創新

6 通路上架不斷創新

（四）美妝、藥局連鎖業創新重點

圖16-5　美妝、藥局連鎖業的創新重點

1 | 產品組合不斷優化、汰劣留優及創新引進

2 | 品牌組合不斷優化、汰劣存優及創新引進

3 | 門市店店型不斷革新、改良、升級及創新改變

4 | 總品項數更加多元、多樣、新奇及選擇性更多的創新作為

Chapter 17

台積電長保全球技術創新與技術領先的 15 個原因分析

台積電長保全球技術創新與技術領先的 15 個原因分析

一、台積電長保全球技術創新與技術領先的 15 個原因

（一）台積電公司企業市值全台第一名，先進晶片全球第一名

　　台積電為全球知名、無人不知無人不曉的先進晶片研發與製造第一名大廠也是台灣的護國神山，該公司 2023 年營收額高達 2.2 兆台幣，位居全台第二大製造業公司，僅次於鴻海集團合併營收額 6.6 兆；台積電股價 500 多元，企業總市值高達 15 兆元台幣，是全台第一大市值公司。

（二）台積電全球技術創新與領先的 15 個原因

　　作者本人根據對台積電公司的了解、詢問與分析，可歸納出台積電能夠十年來長保先進晶片研發與製造全球第一名的 15 個綜合性原因，如下：

圖17-1　綜合性原因　　　　　　　　　　　　　　　●

原因 1　R&D 人才多、人才優、人才夠

- 台積電公司成功的第一個最大原因，就是 R&D 研發人才多、人才優、人才夠
- 台積電全公司 7 萬人，碩士、博士以上學歷占 50%，計 3.5 萬人之多；其中，研發人員計有 8,000 人之多，80% 以上均為碩、博士。這些均來自國內台大、清大、交大、成大理工科最聰明畢業生，這 8,000 人是台積電的核心寶貝

原因 2　R&D 錢多、經費多、預算多

- 台積電每年研發經費高達 1,600 億元之多，占年營收額 2 兆元台幣的 8% 之高比例。
- 台積電這一年 1,600 億元研發經費，居全台第一名，也領先韓國三星及美國英特爾 2 大競爭對手
- 這 1,600 億元高額經費大大支持著台積電每年在晶片先進／高階技術上的創新及領先

原因3 對R&D人員獎金、獎勵夠

· 台積電每年在月薪、季獎金、年終獎金及最大的分紅獎金 4 種物質激勵上，都比其他幕僚部門有更多、更高的金額，大大鼓舞著 8,000 名研發人員的創新士氣與不眠不休的努力

原因4 研發組織內部有良性競爭機制

· 台積電研發組織在設計上，採取多組同時競賽研發制度，亦即，針對某個重大研發目標及任務，會同時組合二、三個小組，彼此互相做研發競賽，看誰能早日達成研發任務，誰就會得到更可觀研發獎勵金

原因5 研發與製造兩單位配合良好

· 台積電的研發成果，最終必須受到製造部製程的考驗才行，所以，這兩個部門互相配合良好，才能達成台積電領先對手的「高良率」，才使最後晶片產品的品質穩定性受到客戶的信賴與肯定

原因6 長期累積下來的研發組織能力夠強大

· 近十年來，台積電大幅崛起，從 10 奈米、7 奈米、5 奈米、3 奈米、2 奈米、1.4 奈米及 1 奈米先進製程晶片，都是該公司在這些年來，由 8,000 名研發人員所長期努力、投入所累積下來的研發「組織能力」，亦即研發組織競爭力，已經非常深耕及鞏固

原因7 R&D 3個夠：團隊精神夠、使命感夠、勤奮夠

· 台積電雖有 8,000 位全台灣最聰明的一流理工科人才，但光聰明也沒用，必須再搭配 3 個夠，研發才會有成果：
1. 團隊精神夠
2. 使命感夠
3. 勤奮夠

原因**8**　　R&D能有計劃性、有目標性、有紀律性推進

· 台積電研發的成功及領先，在於該公司每年、每三年、每五年、每十年都訂定有短、中、長期的研發計劃，然後大家依序有目標性及有紀律性的一步一腳印推進及成功突破、升級

原因**9**　　R&D P-D-C-A管理循環的落實

· 台積電對任何一件重大研發專案的推動，都是依循 P-D-C-A 管理循環的推動，才會有成果的。此即：
P：Planning，研發企劃力
D：Doing，研發執行力
C：Check，研發考核力
A：Action，研發再調整、再出發

原因**10**　　R&D專責單位擴大成立

· 台積電在 2023 年 7 月，正式成立「全球研發中心」（R&D Center），設在新竹竹科的嶄新大樓內，有 42 個足球場面積大，可容納 8,000 名研發人員

原因**11**　　公司高度重視R&D，視為天下第一部門

· 台積電成立 30 多年來，自張忠謀董事長起，就把 R&D 部門視為台積電的天下第一大部門，也把 R&D 工作，視為公司最優先、最重要的第一個部門

原因**12**　　與國外大客戶密切溝通

· 很多研發工作是為了配合國外客戶的需求而來的，因此，研發部門必須與國外大客戶的最終產品功能需求做最好調整及配合滿足，台積電在這方面也很放下身段去做好

 **原因13** 與上游供應商密切協力合作

- 晶片的製程研發工作，很多也必須與上游的設備廠商及先進材料廠商、封裝廠商等，密切協力合作，才能完整完成整個研發任務

 原因14 R&D單位的領導主管能力夠

- R&D 部門及人員的領導、督導工作，與其他單位有很大不同，因研發人員學歷高、學歷好、聰明、自主性高、自尊心強、自信心大，故要有特別的領導作法及能力，才能帶動這 8,000 人一流人才大軍

 原因15 最終，形成良性循環

- 台積電的研發實力已累積成良性循環：
  人才夠→錢夠→獎勵夠→研發成果好→公司營運及獲利跟著好→又吸引更多一流人才來→ R&D 經費錢又提撥更多→公司營運更好、公司整體更壯大、更領先對手

Chapter 18

「十年布局創新計劃」與「十年中長期成長戰略創新規劃」

一　日本及台灣大型企業，均在力推「十年期戰略及布局計劃」視野

二　「十年期成長戰略規劃」的 9 個撰寫大綱項目

「十年布局創新計劃」與「十年中長期成長戰略創新規劃」

一、日本及台灣大型企業，均在力推「十年期戰略及布局計劃」

近幾年來，作者本人觀察到日本及台灣的上市櫃大公司，對未來企業發展的視野，都已經延長到十年為期的戰略眼光。

（一）日本大型企業：力推中長期（5～10年）成長戰略規劃

日本的 SONY、Panasonic、日立、伊藤忠商事株式會社、三菱商事、豐田汽車、日產汽車、日清食品公司、日本 7-11、日本 LAWSON 超商、日本永旺零售集團……等，都在其「統合報告書（年度）」，提出他們中長期（5～10年）成長戰略規劃說明，顯示日本大企業對企業遠程發展已延長到十年期的觀念及思維。

（二）台灣大型企業：力推十年布局計劃

台灣大型企業也在同時開始與日本大型企業一樣重視「十年布局計劃」，包括：統一企業、中鋼公司、鴻海集團、台達電公司、廣達集團……等均屬之。

二、「十年期成長戰略規劃」的 9 個大綱項目

經作者本人觀察及搜尋日本大型企業在撰寫十年期成長戰略規劃，大概包含九個大綱項目，如下圖示：

圖18-1 日本大型企業未來中長期（5～10 年）成長戰略規劃的 9 個大綱

1

國內外經營大環境的各種改變、變化、趨勢、機會與威脅全面分析

2

本公司內部各種既有資源條件與組織能力的優劣勢全面檢視

3

未來十年成長戰略的願景目標

4

未來十年成長戰略主力方向、領域、選擇、產業與市場分析

5

未來十年成長戰略推進階段時程區分

6

未來十年成長戰略的具體作為、作法、組織、人力、財務準備及價值鏈打造重點

7

未來十年成長戰略的組織架構與體系設想構型

8

未來十年成長戰略的終極績效指標數據預計（營收額、獲利額、EPS、ROE、企業總市值）

9

其他重要事項說明

Chapter 19

門市店型的創新、轉型、革新暨其帶來的效益分析

門市店型的創新、轉型、革新暨其帶來的效益分析

一、店型創新、革新轉型的 9 個方向

　　現在，各種零售店、連鎖店、服務業、餐飲業的店型都有了很大、很進步的創新及革新展現。店型創新與革新，大概有 9 個方向：

圖19-1　店型創新、革新的 9 個方向　●

1	店朝「複合店」、「店中店」變化	**6**	店內「品類」區分顯示更清楚
2	店朝「大店化」變化	**7**	店內液晶螢幕顯示器宣傳更多東西
3	店的裝潢品質及等級更高	**8**	店內的功能更多
4	店的動線設計更優化	**9**	店的整體視覺及體驗感受更好
5	店的燈光更明亮		

二、店型不斷創新、革新、轉型，帶來的 8 個效益、好處

國內各種行業的店型，多年來，都能不斷的創新及革新，這會對公司帶來如下圖示的 8 點效益及好處：

圖19-2 店型不斷創新與革新，可以帶來 8 個效益及好處

① 顧客體驗感會更好，更有高 CP 值感

② 顧客滿意度會更高、更好

⑧ 顧客對店的忠誠度會更拉升

③ 顧客回購率、回店率會更高更多

⑦ 顧客對店的品牌形象度會更好

④ 平均每店每日營收會上升；坪效也會上升

⑥ 複合店、店中店會導入新顧客群進來

⑤ 每月、每年總營收、總獲利會上升

三、店型創新與革新的成功案例

近幾年來，各行業在店型創新及革新都有很大進步，這表示各大企業不斷的求新、求變、求改革、求進步的決心及執行力，茲圖示一些成功案例：

圖19-3　店型創新及革新的成功案例

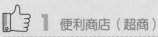 **1 便利商店（超商）**
- 複合店、店中店
- 統一超商、全家、萊爾富

 **2 超市**
- 全聯（店中店）（全聯＋無印良品）

3 美妝店
- 寶雅

4 藥局連鎖店
- 大樹、杏一

 5 百貨公司
- SOGO 百貨
- 新光三越百貨
- 遠東百貨

 6 購物中心
- 三井 Outlet
- 三井 LaLaport
- 遠東新竹巨城
- 華泰 Outlet
- 新店裕隆城

7 家電連鎖
- 全國電子（Digital City 店）
- 集雅社（百貨公司專區）

8 高速公路休息站商場
- 統一超商

9 速食連鎖店
- 麥當勞（數位點餐機）

10 美妝＋藥局
- 康是美（複合店）

 11 歐洲名牌精品旗艦店
- LV、GUCCI、CHANEL、HERMÈS、DIOR

 12 餐飲店
- 王品集團
- 瓦城集團
- 饗賓集團
- 漢來集團
- 欣葉集團

四、店型創新、革新的成本效益分析

具體來計算，店型創新與革新的成本／成效分析數據公式，如下案例：

（一）成本支出增加

全聯超市 1,000 店 × 每店 200 萬改裝、裝潢費＝ 20 億元成本支出

（二）效益收入增加

· 全聯超市 1,000 店 × 每店營收增加 10 萬元 ×365 天（一年）＝ 36 億元
· 36 億元 ×30% 毛利率＝ 10 億元毛利額
· 每年增加 10 億元毛利額 ×2 年＝ 20 億元毛利收入

（三）小結：2 年回收

故 2 年後，全聯超市的 20 億元 1,000 店的改裝升級成本，即可全部回收。效益很高，值得儘速改裝升級。

五、超商（便利商店）店型變革及創新成功分析

近十多年，國內最成功的店型創新及變革成功，就屬統一超商及全家超商。其店型變革方向有：

（一）大店化成功

從過去 20 坪小店，轉型為 40 坪、50 坪、60 坪的大店。

（二）餐桌椅化成功

隨著大店化之後，增加一些餐桌椅擺設，顧客可以吃店內鮮食便當、喝咖啡、喝飲料、談事聊天、看手機等功能。

（三）複合店化成功

大店化之後，超商業又展開異業合作的複合化店及店中店化，也成功了。

（四）特色店化成功

近來，超商又因各地區、各縣市、各景點之不同，又推出在地特色店，也算成功。

（五）小型超市店化

最近，全家又推出「FamiSuper 店」，即小型超市店化，可觀察其成效。

總結來說，超商業在台灣發展已歷 35 年，最悠久且最大、最多店的統一超商，以及第二名的全家，十多年來都加速店型的改變、變革、轉型、革新及創新突破；使這二大超商年營收均年年保持穩定成長率，實在不簡單，原因無它，他們兩家都是店型轉型成功最佳典範。

圖19-4 超商業（便利商店）：統一超商及全家的店型轉型

店型：
・轉型、改變、變革、革新、創新成功
・使總店數、總營收、總獲利持續每年穩定成長

Chapter 20

創新與獎勵、激勵

創新與獎勵、激勵

一、獎勵創新的方式

（一）每個上班族都必須要更多獎金激勵

　　本來，研發部門、技術部門、商品開發部門或其他部門，在工作或任務上的創新、革新、變革等，本來就是份內的事。可是，更多金錢或獎金激勵，幾乎是所有辛苦上班族所渴望與需求的，因此，日本、台灣、美國、歐洲很多大企業還是有訂定「創新獎金」或「研發獎金」，用以鼓舞相關部門或全體部門將士用命，將高士氣及高效成果發揮出來。

（二）物質金錢獎勵方式

　　對於創新有成果的物質獎勵方式，計有如下圖示幾種：

圖20-1　對創新成果的個人或小組物質獎勵方式

1 發給一筆創新獎金（5 萬～ 100 萬元台幣）

2 加薪（調增月薪）（1 萬～ 2 萬元）

3 加發年終獎金（加發：1 個月～ 5 個月）

4 加發年度分紅獎金（加發：10 萬～ 100 萬元）

5 晉升職稱、職等或晉升主管級（專員→高專→副理→經理→協理→處長→總監→副總→執行副總）

6 給予個人專屬辦公室空間

7 個人或整個部門、小組，換更大一些、更高一級大樓辦公室空間

（三）心理獎勵方式

圖20-2　對創新成果的個人或小組的心理獎勵方式

老闆、董事長、
總經理開會口頭
獎勵

1

2

召開「年度
創新大會」
公開頒發獎
金及獎牌

小組或部門
聚餐鼓勵

4

3

老闆、董事長發
e-mail 及 LINE
群組鼓勵、肯定

二、3 種受獎勵人員

對於因為創新、研發、產品創新或各種創新有成的受獎勵人員，計有三種方式，如下圖示：

圖20-3　三種受獎勵人員方式

1

個人獎
（有重大創新成果
之個人受獎）

2

團體獎
（部門、小組、
單位受獎）

3

主管獎
（單位領導主管受獎）

Chapter **20**

創新與獎勵、激勵

三、受獎勵時間

對於創新有成的獎勵時間，可有 3 種狀況：

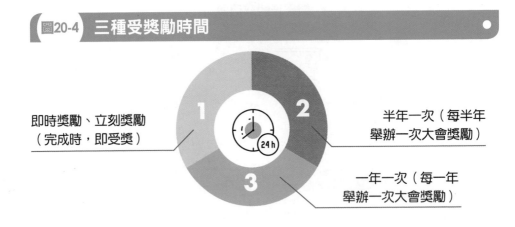

圖20-4　三種受獎勵時間

即時獎勵、立刻獎勵
（完成時，即受獎）

1

2

半年一次（每半年
舉辦一次大會獎勵）

3

一年一次（每一年
舉辦一次大會獎勵）

Chapter 21

行銷創新

一、行銷創新的 20 個種類

　　對於內銷型、內需型的行業別而言，行銷功能的創新與發揮，是非常重要的，因此，這些行業的公司，不僅要「產品力」做得好，「行銷力」也更要搭配做得成功才行。

圖21-1

　　茲圖示如下的各種 20 種行銷創新：

圖21-2 行銷創新的 20 個項目

1 電視廣告片創新

2 記者會創新

3 KOL/KOC 網紅行銷創新

4 藝人代言人創新

5 聯名行銷創新

6 公仔行銷創新

7 集點行銷創新

8 促銷活動創新

9 電視冠名贊助廣告創新

10 旗艦店行銷創新

11 快閃店活動創新

12 媒體報導露出創新

13 運動行銷創新

14 社群行銷（自媒體行銷）創新

15 粉絲團經營創新

16 賣場（店頭）行銷創新

17 會員紅利點數創新

18 集點行銷創新

19 數位廣告創新

20 戶外廣告創新

二、行銷創新的執行負責單位

行銷創新的執行負責單位，主要包括如下各單位團隊合作推出：

圖21-3 行銷創新的執行負責單位

1 行銷部（或行銷企劃部、品牌部）

2 會員經營部

3 營業部（或門市部）

三、行銷創新的 11 種外面支援專業公司

執行行銷創新，不能只仰賴公司內部行銷組織與人員，尤其是涉及很多跨領域專長，更必須外面專業公司來支援及配合才行，如下圖示：

圖21-4 行銷創新的 11 種外面專業支援公司

1 廣告公司（電視廣告片製作）	**7** 公仔授權公司（公仔集點活動授權）
2 公關公司（記者會、公關發稿、公關活動）	**8** 網紅經紀公司（KOL/KOC 活動代理）
3 媒體代理商（媒體預算企劃與購買）	**9** 通路陳列公司（零售通路賣場陳列公司）
4 整合行銷公司（大型活動舉辦及整合行銷推動）	**10** 贈品公司（促銷活動贈品製造）
5 數位行銷代理商（數位廣告投放）	**11** 市調公司（各種顧客意見、需求、想法之市調）
6 設計公司（產品包裝設計、文案、簡介、LOGO 設計）	

四、行銷創新的 4 種媒體公司協助

此外，在行銷創新的宣傳上及媒體露出報導上，也需要如下四種主力媒體公司的協助，如下圖示：

圖21-5 行銷創新的 4 種媒體公司協助

 1 電視媒體（電視台）：主要為新聞台協助

（1）TVBS 新聞台
（2）三立新聞台
（3）東森新聞台
（4）民視新聞台
（5）年代新聞台
（6）非凡新聞台
（7）壹電視新聞台
（8）鏡新聞台
（9）東森財經台
（10）三立財經台
（11）華視新聞台

 2 網路媒體：

（1）ETtoday 新聞雲
（2）聯合新聞網
（3）中時新聞網
（4）自由新聞網
（5）TVBS 新聞網
（6）三立新聞網
（7）NOWnews 今日新聞
（8）壹蘋新聞網

3 報紙媒體：

（1）《聯合報》
（2）《中國時報》
（3）《自由時報》
（4）《經濟日報》
（5）《工商時報》

4 雜誌媒體：

（1）《商業周刊》
（2）《今周刊》
（3）《天下》
（4）《遠見》
（5）《經理人》
（6）《動腦》
（7）《數位時代》

五、行銷創新帶來的 7 種正面效果

行銷作為不斷創新，將可為公司帶來以下好處／效益，如下圖示：

圖21-6 **行銷創新帶來的效益**

1

品牌力提升（品牌知名度、印象度、好感度、認同度、信賴度、忠誠度提升）

2

品牌曝光率、曝光效果更大

3

· 業績提升
· 業績鞏固守住

4

· 市占率提升
· 市占率守住

5

品牌排名上升

6

企業整體形象度及信賴度強化

7

· 穩固老顧客
· 開拓年輕新顧客

六、行銷創新預算

　　一般中大型公司的年度行銷預算，大概是年營收額的 1%～ 6%之間，換算金額大概每年 3,000 萬元～ 3 億元之間，要看每個品牌、每家公司的狀況不太一樣。

圖21-7 **行銷創新年度預算**

1

年度營收額的
1%～ 6%之間

2

約每年 3,000 萬～
3 億元之間

七、行銷創新每年檢討會

　　每年 12 月底，公司應舉辦一次「年度行銷創新檢討大會」，檢討這一年度 12 個月來，行銷部在行銷作為上的創新成果如何？有何不足處？有何缺失？有

何加強之處？以做為下一年度的行銷創新方向與變革。

八、國內廣告費投入較多的 31 個公司（品牌）案例

茲列舉近幾年來，每年電視、網路、戶外、雜誌等廣告費投放都在 1 億元～ 5 億元之間的中大型公司及品牌：

圖21-8　國內廣告費投放每年在 1 億～ 5 億元之間的大型公司（品牌）

1.Panasonic（台灣松下）	17. 中華汽車
2. 和泰汽車（TOYOTA）	18. 桂格（天地合補）
3. 統一企業	19. 白蘭氏
4. 全聯（超市）	20. 三得利
5. 統一超商（7-11）	21. 娘家
6. 麥當勞	22. 雙 B 汽車
7.P&G 公司	23. 三星
8. 台灣花王	24.LG 家電
9. 聯合利華（Unilever）	25. 屈臣氏
10. 普拿疼	26. 愛之味
11. 日立家電	27. 萊雅保養品
12. 日立冷氣	28. 百達翡麗（PP 錶）
13. 大金冷氣	29. 三菱重工冷氣
14. 光陽機車	30. 愛之味
15. 三陽機車	31. 好來牙膏
16. 裕隆 NISSAN 汽車	

21-2 節慶促銷的行銷創新

一、節慶促銷日益重要，已成提振業績重要關鍵

對於日用品、消費品、家電品、零售業……等內銷、內需型行業而言，節慶促銷已成為非常重要的創新行動。節慶促銷檔期活動的重要性，有如下圖示 4 點：

圖21-9 節慶促銷的 4 點重要性

1 有效提振、增加業績 ➕ **2** 有效集客、吸客 ➕ **3** 有效去化庫存品 ➕ **4** 定期回饋顧客，讓顧客對品牌有好感

二、最重要的 22 個節慶檔期

經過多年的實戰，零售業及內銷行業已歸納出最重要的 22 個節慶檔期：

圖21-10 最重要的 22 個節慶檔期

1. 週年慶（10月～12月）	12. 清明節（4月）
2. 過年春節慶（1月）	13. 電商雙 11 節慶（11月）
3. 媽媽節慶（5天）	14. 電商雙 12 節慶（12月）
4. 年中慶（6月）	15. 聖誕節慶（12月）
5. 爸爸節慶（8月）	16. 夏季購物節（7月）
6. 中元節（8月）	17. 春季購物節（3月）
7. 中秋節慶（9月）	18. 秋季購物節（10月）
8. 端午節慶（8月）	19. 冬季購物節（12月）
9. 情人節慶（2月及7月）	20. 日本商品節
10. 女人節慶（3月）	21. 元宵節（2月）
11. 勞工節慶（5月）	22. 開學季（9月）

三、16 種主力促銷方式

茲歸納到目前為止，各大零售業、連鎖店業、餐飲業、服務業、及內銷產品業等，最常使用、也最有效的 16 種促銷方式，如下：

圖21-11 **16 種最主要促銷方式**

1
買一送一
（買二送一）
（買五送一）

2
・全面八折
・全面六折
・全面五折

3
・滿千送百
・滿萬送千

4
買二件 6 折算

5
第 2 件 5 折算

6
滿額贈
（好禮三選一）

7
買就贈
（送贈品）

8
千萬大抽獎

9
紅利點數
加倍送

10
買就送折價券
（下次可折抵）

11
包裝式促銷（買大送小）（附贈品）（送加量）

12
每週會員日
8 折算

13
信用卡刷卡禮

14
擴大免息分期
付款期數

15
搭贈政府節能
減碳補助金

16
其他方式

第16點的其他方式，又包括：

1. 麥當勞：1＋1＝50元（低價）（1杯紅茶＋1個小漢堡）
2. 全聯：現煮60元低價便當
3. 7-11：低價59元國民便當
4. 全聯、屈臣氏：低價抗漲專區
5. 化妝保養品：特惠價組
6. 看電影：週一到週五價格比週六、週日便宜些
7. 零售店快到期商品：以成本價出售，打五折、四折

四、促銷折扣優惠，是誰吸收的？

促銷折扣優惠的差額，是由誰吸收？主要有三種狀況，如下圖示：

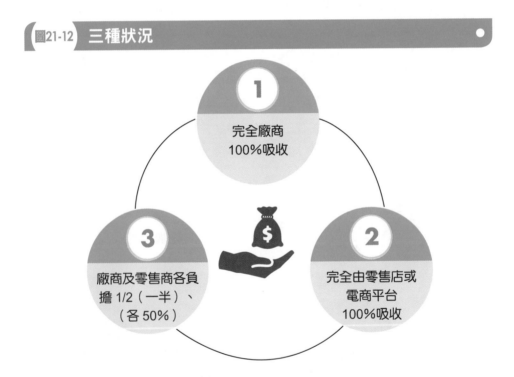

圖21-12 三種狀況

1. 完全廠商100%吸收

2. 完全由零售店或電商平台100%吸收

3. 廠商及零售商各負擔1/2（一半）、（各50%）

由於促銷活動，會使零售商及產品廠商顯著減少利潤、甚至不賺錢；但為了提振業績或增高業績，也是不得不做的，只有少賺了。

五、促銷由哪一方主辦？

　　‧70％：均由大型零售商發起，產品廠商負責配合。

　　‧30％：則由產品廠商自己發起。

六、促銷檔期業績占零售業年營收額多大比例？

　　如下圖示，以百貨公司為例：

圖21-13　百貨公司

1 年終慶

‧占全年營收 25％ 之多

‧最為重要的節慶促銷

2 四大節慶

‧年終慶、春節慶、媽媽節、年中慶四者：占60%全年營收

七、節慶促銷活動，已成行銷創新顯學

　　以前一、二十年前，節慶促銷活動並不多見；但這五年來，變得節慶名目繁多、促銷折扣比例愈來愈重、行銷廣告宣傳愈來愈大，已成零售業及消費品業、內銷業的顯學。

Chapter 22

「顧客」在公司創新戰略，扮演什麼角色暨如何搜集顧客對創新的意見

一　「顧客」在公司創新中，扮演 4 種角色

二　公司如何搜集顧客對創新及改善的 9 種好意見方法

三　建立「顧客＝創新」的重要觀念

「顧客」在公司創新戰略，扮演什麼角色暨如何搜集顧客對創新的意見

一、「顧客」在公司創新中，扮演四種角色

尤其是內銷型及內需型的企業，他們創新的目的，大部分是為了「顧客」，因為做好對「顧客」的創新工作及需求滿足工作，他們才能得到創造好業績的成果。其角色扮演，計有 4 種：

（一）公司創意與創新的來源角色

有些公司很多的好創意及創新的好點子，其實都是來自顧客們的建議、批評及意見反應。

（二）堅持「顧客第一」的角色

公司創新要成功，就必須堅持「顧客第一」的角色，把顧客們各種需求、要求、想要的、期待的，都放在最優先位置上，加快速度地滿足他們，使他們感到高度滿意與肯定。

（三）解決生活痛點角色

公司的創新，從基本上來說，就是為了能進一步解決顧客們在生活上的各種麻煩點及痛點。

（四）創造更美好生活角色

最後，公司的創新，終極來說，就是要為顧客們創造更美好生活的。

圖22-1　顧客在公司創新中，扮演 4 種角色

1	2	3	4
公司創意與創新的來源角色	堅持「顧客第一」角色	解決生活痛點角色	創造更美好生活角色

二、公司如何搜集顧客對創新及改善的 9 種好意見方法

公司可採取下面如圖示的 9 種搜集顧客們對創意產品、改善產品、需求產品、期待產品的意見與建議來源：

圖22-2　公司搜集顧客對產品創新及改善的意見方法

1	到第一線門市店、專賣店去詢問顧客意見	**6**	主動打電話給會員們詢問意見、看法
2	由客服中心每月整理顧客打電話來的意見及建議	**7**	e-mail 給會員們，做創新需求市調及回覆
3	聽取第一線店長、店員們的顧客意見	**8**	上網搜尋顧客們在網上的反應意見
4	成立臉書專屬市調意見專區，以搜集意見	**9**	把顧客納入商品創新過程中的參與夥伴
5	舉辦對顧客們的「焦點座談會」，以搜集意見		

三、建立顧客＝創新的重要觀念

最後，公司應建立一種「顧客＝創新」的重要觀念及思維；一定要努力做到對顧客：1. 有用的 2. 有益處的 3. 有作用的 4. 想要的 5. 驚喜的 6. 想買的 7. 會買的，才是真正的最好創新成果。

圖22-3　建立顧客＝創新的重要觀念

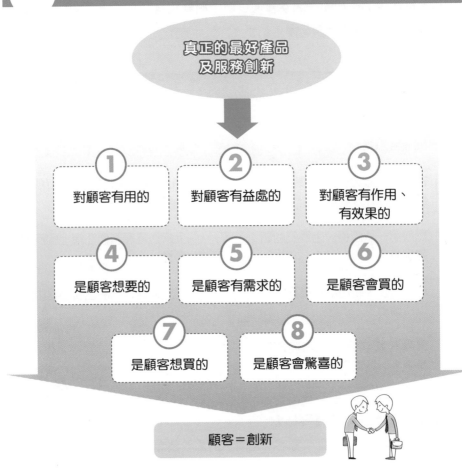

真正的最好產品
及服務創新

① 對顧客有用的

② 對顧客有益處的

③ 對顧客有作用、
有效果的

④ 是顧客想要的

⑤ 是顧客有需求的

⑥ 是顧客會買的

⑦ 是顧客想買的

⑧ 是顧客會驚喜的

顧客＝創新

Chapter 23

創新與組織

創新與組織

一、創新應無所不在

創新是公司所有部門、所有工廠、所有中心,都應該共同負責的,不是特定一個單位專責的。企業各部門都有它的專業性存在,應該從各自專業中去展現及發揮它們的創新性。

二、公司所有部門都應負責各自領域的創新

公司所有的營運部門及幕僚支援部門,都應該各自發揮它們各自的專業創新,如圖 23-2。

三、成立跨部門的「創新小組」或「創新推動委員會」

當公司面對某些重大的、影響深遠的、必須跨部門合作的,此時,公司就有可能成立大型的跨部門創新聯合單位,可用「創新小組」或「創新委員會」來運作,以求儘快完成此類重大的創新任務工作。其名稱,例如:
1. 產品創新開發小組
2. 新事業開拓創新委員會
3. 中長期(5～10年)成長戰略規劃創新委員會
4. 業績提振及再成長創新委員會
5. 布局全球化推動創新委員會

圖23-1 面對重大創新任務,必須成立小組或委員會組織型態

・對重大創新任務
・必須跨部門合作

1 成立「創新小組」

2 成立「創新委員會」

圖23-2 各部門應該負責它們各自專業上的創新工作

1

研發部
負責研發及
技術創新

2

商品開發部
負責新商品
開發創新

3

設計部
負責產品的
設計創新

4

採購部
負責採購創新

5

製造部
負責製造／
生產創新

6

物流部
負責物流創新

7

行銷部
負責行銷創新

8

銷售部
負責業務及
銷售創新

9

服務部
負責服務創新

10

資訊部
負責資訊 IT
創新

11

財務部
負責財務創新

12

人資部
負責人資創新

13

法務部
負責法務 IP
創新

14

經營企劃部
責經營策略
創新

15

工程部
負責工程創新

16

總務部
負責總務創新

17

稽核室
負責稽核創新

Chapter 24

如何加快研發創新速度，以保持技術領先暨創造新商機

如何加快研發創新速度，以保持技術領先暨創造新商機

一、台積電「夜鷹小組」

較早以前，台積電公司為加快先進製程晶片的研發速度，曾成立過「夜鷹小組」，亦即把研發人員分成 3 班制，每班 8 小時，每天 3 班，8 小時後接一班，如此就是為了加快先進技術的研發，把三年 R&D 工作，縮短為 1 年；把三個月 R&D 工作縮短為 1 個月，結果，成效很好、很成功，保持現在台積電公司在全球技術領先仍位居第一位。

圖24-1 台積電「夜鷹小組」

台積電「夜鷹小組」

· 把研發人員分成 3 班制，每天 24 小時，不中斷研發時間

· 加快研發完成時間
· 保持技術領先全球

二、研發速度要求快的行業

有不少行業，是要求技術研發速度或商品開發速度要加快的行業，如下：

圖24-2 研發速度要求快

1 半導體業	2 AI 業	3 電子業	4 服飾業	5 汽車業
6 機車業	7 餐飲業	8 手機業	9 超商業	10 其他高科技業

三、加快研發創新速度的 10 種方法

公司可採取以下圖示的 10 種方法，以加快研發創新速度或新商品開發速度：

圖24-3 如何「加快」研發創新的 10 種方法

方法1
投入更多研發人力支持

方法2
投入更多研發經費支持

方法3
投入更多研發新設備支持

方法4
增長研發人員上班時間（可採二班制、三班制）

方法5
老闆及高階長官經常親臨現場打氣及鼓勵

方法6
在過程中，公司加發期中研發獎金，鼓舞大家

方法7
公司內外部資源一起動起來支援

方法8
簡化內部太冗長的簽核作業流程

方法9
開始前，要先訂好一些必須完成的最後期限（deadline）

方法10
併購別人公司，快速取得研發技術

四、研發創新速度慢的 9 項不利後果

如果公司在研發創新速度比競爭對手緩慢的話，將會產生以下缺點：

圖24-4　研發創新速度慢的缺點

1
技術領先
速度落後

2
新商機流失

3
客戶流失

4
營收下滑

5
獲利下滑

6
產業領導地位
下滑

7
市占率下滑

8
客戶信賴度
下滑

9
品牌排名落後

Chapter 25

「R&D 研發戰略」的創新規劃

「R&D 研發戰略」的創新規劃

一、R&D 研發創新產品成功案例

茲列舉近十年來，國內外在 R&D 研發科技創新產品的成功案例：

圖25-1　R&D 研發科技創新產品成功案例

案例1 先進晶片半導體	案例2 電動車
台積電	Tesla 特斯拉（美國）、比亞迪（中國）

案例3 變頻省電冷氣機	案例4 AI伺服器
大金、日立、Panasonic	廣達、緯創、技巧、鴻海、仁寶

案例5 4G、5G手機	案例6 平板電腦
Apple（iPhone）、三星（韓國）	Apple（iPad）

案例7 省油機車	案例8 電玩
三陽、光陽	任天堂、SONY

案例9 大尺吋、高畫質電視機	案例10 電競電腦
SONY、三星、LG、Panasonic	acer

案例11 特效電影	案例12 萬用電子鍋
美國華納、環球、迪士尼、SONY	利浦、象印、Panasonic

案例13 免治馬桶	案例14 數位熱水器
TOTO、Panasonic	櫻花

案例**15** 抗菌抗病毒洗衣精

白鴿、白蘭

案例**16** 變頻省電電冰箱

Panasonic、日立

案例**17** 無線吸塵器

Dyson、LG、Panasonic

案例**18** 5G電信服務

中華電信、台哥大電信、遠傳電信

案例**19** 電動機車

光陽、三陽、Gogoro

案例**20** 電動自行車

捷安特

案例**21** 電動公車

台北市公車

案例**22** AI處理器

NVIDIA（輝達）、AMD

案例**23** 低酒精啤酒

台啤、朝日、麒麟

案例**24** 中央廚房

王品、瓦城、饗賓、築間、漢來

案例**25** 高樓建築

台北 101 大樓

案例**26** 自動化咖啡機

統一超商 CITY CAFE、全家 Let's Café

案例**27** 製鞋技術

NIKE、adidas 台灣代工廠

案例**28** 製藥技術

輝瑞

案例**29** 高空纜車

南投日月潭、台北貓空

案例**30** AI筆電

ASUS、acer

二、多樣化 R&D 研發人才需求種類

現在，全球各國對 R&D 研發人才需求種類，有愈來愈多樣化的趨勢：

圖25-2 多樣化 R&D 研發人才需求種類

1 AI 人才	2 電機人才	3 半導體人才
4 量子科學人才	5 電動車電池人才	6 電子人才
7 資訊資工人才	8 化學材料人才	9 光學、光電人才
10 太陽能人才	11 自駕車軟體人才	12 航太、航空人才
13 軍工人才	14 低軌衛星人才	15 綠能、綠電人才
16 核融合人才	17 氫能源人才	18 軟體程式人才
19 環工人才	20 智慧家電人才	21 智慧醫療人才

三、成立中長期 R&D 研發與事業發展戰略組織

很多大型高科技公司、電子公司、資通訊公司、電動車公司、AI 公司……等，都在組織內部成立 2 個小組，以求未來中長期事業與研發能搭配前進開發出來：

圖25-3　中長期事業與 R&D 戰略發展組織

〈組織1〉

成 立 BDT（Business Development Team）（未來新事業發展戰略小組）

〈組織2〉

成立 TDT（Technology Development Team）（未來研發 R&D 發展戰略小組）

共同協力合作，開展出未來（5～10 年）中長期事業成長版圖

四、中長期（5～10 年）R&D 研發戰略規劃報告項目

要撰寫一份完整的公司或集團「中長期（5～10 年）R&D 研發戰略規劃報告」，應涵括如下圖示項目大綱：

圖25-4 「中長期（5～10年）R&D 研發戰略規劃」報告大綱 ●

1
未來 R&D
基本戰略說明

2
未來 R&D 技術
大方向及重要
議題分析

3
未來 R&D 人才
類型、數量、
主力需求說明

4
未來 R&D
經費預算
預估說明

5
未來 R&D
新設備需求
說明

6
未來 R&D
產學合作說明

7
未來 R&D
關鍵重點說明

8
未來 R&D
各項重要解決
方案分析

9
未來 R&D
推進步驟說明

10
未來 R&D
時程表完成
預估

11
未來 R&D
與事業單位搭
配推進說明

12
其他事項說明

五、訂定每年度 R&D 研發計劃書大綱項目

另外，在每年度，R&D 部門也要訂定他們一年內短期的 R&D 研發年度計劃書：

圖25-5 R&D 部門每年「年度研發計劃書」大綱項目

1 今年 R&D 研發目標及 KPI 績效指標說明

2 今年 R&D 年度預算經費說明

6 今年度 R&D 需求公司資源支援說明

3 今年度 R&D 人力分工與負責研發項目說明

5 今年度 R&D 重大事項時程表

4 今年度 R&D 主攻重大研發項目說明

六、研發／技術人才怎麼來的？

　　高科技研發及技術人才的來源，主要有如下圖示 6 種管道：

圖25-6 R&D 人才來源管道

1
從大學校園產學合作簽約而來

2
從人力網站而來（104、1111 人力網站）

3
從員工介紹而來

4
參加各大學徵才展覽會而來

5
赴海外徵才（美國為主）

6
內部既有人才培訓而來

七、如何留住 R&D 研發好人才？

公司要如何做，才能留住 R&D 研發人才？作法有很多種，也很多面向，但如果聚焦在金錢上面，是最根本必要的一項，如下圖示：

圖25-7 用金錢經濟因素，以留住 R&D 研發好人才

1
調高月薪水平

2
調高年終獎金金額

3
調高分紅獎金金額

4
調高季獎金金額

5
加強各項福利措施（休假、餐廳、育嬰……等）

Chapter 26

設計創新

| 一 | 設計創新＞技術創新的各行業成功案例 |
| 二 | 成立「設計團隊」，並且與「技術團隊」區分開來，才能成功 |

設計創新

一、設計創新＞技術創新的各行業成功案例

很多行業，尤其在非高科技業，它們的設計創新其實是重要於技術創新的。如下圖所示各行業的狀況：

圖26-1 設計創新＞技術創新的各行業

1 汽車業

- 汽車業的技術創新固然重要，但其外型設計及內裝設計也很重要；在技術大家都一樣時，消費者選擇的就是設計的創新性、獨特性及豪華性
- 例如：賓士車、BMW 車、豐田的 Lexus 車／Crown 車／Alphard 車等，都是成功的 200 萬～ 1,000 萬元豪華車種

2 機車業

- 機車的省油、耐騎性、耐衝性等技術大都類似，所以，要比的就是價格、品牌及設計面
- 近二年來，三陽機車就是因為推出幾款深受年輕人歡迎的設計車型，故市占率超越光陽，成為銷售第一名公司

3 名牌精品業

- 歐洲名牌精品大都風行 100 多年歷史，並成為全球女性都想擁有一、二個以上的願望。這些品牌的成功，除了它的百年品牌價值、手工打造、品牌形象、全球行銷宣傳、原物料高品質之外，最重要的就是看重它們的外觀設計
- 包 括：LV、GUCCI、CHANEL、DIOR、HERMÈS、Prada 等 均 是一線奢華精品品牌

4 服飾業

- 例如日系的優衣庫（Uniqlo）、GU；以及本土的 NET 服飾等，除品質好、價格親民、店數便利之外，最重要的就是看服飾設計的款式如何。所以，服飾業公司聘請數十位設計師專責這方面重要工作種

5 女鞋業

- 女鞋業也是一個非常重視外觀設計的一個行業，因為在品質、功能性、價格都差不多狀況下，設計好不好、喜不喜歡，就是決勝負的因素
- 例如：本土的 D ＋ AF 女鞋品牌是成功案例

6 女性飾品業

- 女性飾品也是一個設計決定的行業，包括：耳環、髮飾、配飾、手飾等均屬之
- 國內的國際假期連鎖店（vacanza），就是專賣飾品的成功連鎖店

7 咖啡店業

- 咖啡店連鎖業，也是消費者經常會去消費的地方，裡面的店內裝潢、動線、餐桌椅、音樂等設計，都是吸引消費者的重要因素
- 例如：星巴克及路易莎咖啡連鎖店就是經營成功的前 2 大咖啡連鎖店

8 超商、超市、百貨公司、量販店業

- 國內零售業，除了產品多元、豐富，價位平實，服務佳，地點多之外，另一個在設計上，也是一個吸引人的地方
- 例如：超商的大店化、餐桌椅化、複合店化、店中店化等設計創新，就是很成功的地方

二、成立「設計團隊」，並且與「技術團隊」區分開來，才能成功

國內三陽機車公司市占率為何能夠超越光陽機車，就是該公司把設計團隊從原來的技術團隊區分開來，獨立成為一個部門，並集中 40 歲以下的年輕員工擔任機車車型設計，全力做機車車型外觀創新及革新工作，才能成功超越漸趨老化的光陽機車設計人員。

日本豐田汽車總公司（TOYOTA），也是把「技術團隊」跟「設計團隊」區隔開來，不要混在一起，因為，汽車技術人員與設計人員的思維與創新觀點及喜愛方向……等，都是大大不同的。

Chapter 27

創新與人才需求

一	高科技公司與消費品公司對創新人才需求有不同的重點區別
二	創新人才的學歷及科系
三	對各種創新人才需求的綜合性 19 個條件及能力

創新與人才需求

一、高科技公司與消費品公司對創新人才需求有不同的重點區別

（一）高科技公司

　　‧ 高科技公司重視的創新人才，是著重在：

　　1. 研發人才

　　2. 技術人才

　　3. 設計人才

　　‧ 例如：台積電、大立光、聯電、聯發科、玉晶光、力積電、環球晶、旺宏、廣達、緯創、仁寶、鴻海、華碩、和碩、技嘉、英業達、佳世達……等知名高科技公司，都是非常重視研發（R&D）、技術及設計人才。

（二）消費品、日用品、零售等公司

　　‧ 非高科技公司，像消費品、日常用品、零售、餐飲等公司，所重視的創新人才，則著重在：

　　1. 商品企劃人才

　　2. 商品開發人才

　　3. 行銷人才

　　‧ 例如：統一超商、全家超商、統一企業、味全、愛之味、桂格、白蘭氏、光泉、義美、台啤、雀巢、P&G（寶僑）、花王、聯合利華、百事食品、聯華食品、全聯超市、好市多、家樂福、SOGO百貨、新光三越百貨、大樹藥局、寶雅、屈臣氏、康是美……等公司，則是看重商品企劃暨商品開發創新人才，以及行銷創新人才。

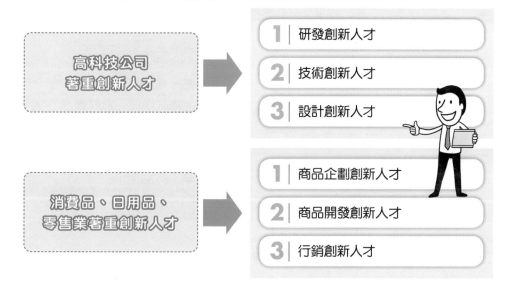

圖27-1 高科技公司與消費品公司對創新人才的著重點不同

高科技公司
著重創新人才

1 | 研發創新人才
2 | 技術創新人才
3 | 設計創新人才

消費品、日用品、
零售業著重創新人才

1 | 商品企劃創新人才
2 | 商品開發創新人才
3 | 行銷創新人才

二、創新人才的學歷及科系

（一）高科技公司

高科技公司需求 R&D 創新人才的科系，以各大學理工學院及理工系所為主，學歷則要碩士、博士為最優先挑選。包括：台大、清大、交大、成大的理工科系為第一挑選人才；中央、中山、中正、中興大學的理工科系為第二挑選。國外知名的大學，如哈佛、史丹佛、加州、麻省理工……等第一流理工科大學也屬第一優先挑選人才。

（二）消費品公司

在非高科技公司的創新人才，就很不同，他們不需要碩、博士太高學歷，只要大學學士以上即可；學院則以商學院、管理學院、人文學院等為主力挑選創新人才。

圖27-2 高科技公司與消費品公司對創新人才的科系及學歷要求不同

1 高科技公司

· 科系：理工科系、電資科系為主力
· 學歷：碩士、博士學歷為佳
· 學校：台大、清大、交大、成大及美國一流理工大學為主力

VS

2 消費品公司

· 科系：商學院、管理學院、人文學院、餐飲學院
· 學歷：大學即可
· 學校：國立大學及私立大學、科大均可

三、對各種創新人才需求的綜合性 19 個條件及能力

茲圖示如下，不管是高科技公司或日常消費品公司的創新人才，他們的需求條件及能力，總計起來計有 18 個必備條件、能力，如下圖示：

圖27-3 對各種創新人才綜合歸納需要的 19 個必備條件及能力

條件1
在各自領域的專業性、知識性及學歷程度要足夠

條件2
在各自領域的工作累積經驗度要足夠

條件3
要具有高度的想像力及創造力

條件4
要有高度對任何事的好奇心

條件5
要有高度對創新工作的企圖心

條件6
要有足夠的生活體驗

條件7

要有廣泛的知識、常識及見識

條件8

要有解決問題的思維、方法、步驟及能力

條件9

要能深入了解客戶及顧客的真正需求及問題，並加以解決及滿足

條件10

要有做出真正好及令人驚豔的產品，必須有此決心力與意志力

條件11

尤其，科研人員要有長時間工作、不眠不休工作的精神及毅力

條件12

要從顧客尚未被滿足需求的點，進行著手創新，更有商機

條件13

要有不斷求新、求變、求進步、求革新的心態及想法

條件14

要思考到這個創新的結果，要能為公司創造業績增加、事業成長、技術領先、市場領先的好成果出來，才叫創新

條件15

終極來說，這個創新要為全人類及顧客們創造出更美好生活及更健康生活，才是終極創新

條件16

創新要能掌握時效性及速度性，創新能比對手快且好，就是勝利

條件17

創新人員要有團隊合作觀念，一人當英雄固然也可以，但團隊創新力量應更大

條件18

創新人員要懂得利用公司各種內部、外部的資源支援及協助，打群架，速度會更快，效果會更好

條件19

最後，R&D 科技人員的條件，是必須對內、對外嚴守保密 R&D 研發秘密及成果，嚴守公司營業機密法規

Chapter 28

各部門創造、創新價值的工作績效指標

各部門創造、創新價值的工作績效指標

一、研發部績效指標

研發部（R&D）創新價值的績效評估指標，計有下列八項：

圖28-1 研發部創新價值的績效指標

1
技術創新升級、改良、增值的成功件數及其重要性程度

2
製程技術改良、升級創新成功的量與質指標

3
工程面改良、升級、創新成功的量與質指標

4
基礎技術創新與提升成功的量與質指標

5
年度投入研發經費成本與得到效益的比較分析

6
平均每名研發人員成功創新的質與量指標

7
實際與預訂研發計劃達成度指標

8
研發部年度配合海外客戶要求的達成度指標

二、製造部績效指標

圖28-2 製造部創新價值的績效指標

1
製造良率提升百分比及改善的量與質指標

2
引進全球自動化及 AI 智能化製造新設備成功使用情況的量與質指標

3
成功精簡生產線人力數量與降低人力成本的量與質指標

4
每批生產交期如期交貨的質與量指標

三、設計部績效指標

圖28-3 **設計部創新價值的績效指標**

1

滿足客戶設計創新
需求件數及量與
質指標

2

革新設計對每個產品
價值提升的貢獻度
分析指標

四、物流部績效指標

圖28-4 **物流部創新價值的績效指標**

1 | 滿足 B2B 客戶訂單物流配送如期達成的質與量指標

2 | 滿足 B2C 顧客宅配如期到戶的質與量指標

3 | 物流配送整體運作效率提升的質與量指標

五、行銷企劃部績效指標

圖28-5 **行企部創新價值的績效指標**

指標1	指標2	指標3	指標4
電視及網路廣告片創意表現的量與質指標	KOL/KOC 網紅行銷運用成效的質與量指標	各式各樣行銷活動舉辦成效的質與量指標	促銷檔期業績成效的質與量指標

Chapter **28**

各部門創造、創新價值的工作績效指標

173

六、業務部／銷售部績效指標

圖28-6　業務部／銷售部創新價值的績效指標

1
產品組合優化
成效的質與量
指標

2
整體業績目標
達成狀況的質
與量指標

3
品牌組合優化
成效的質與量
指標

4
配合零售商促
銷活動成效的
質與量分析

5
配合零售商促
銷活動成效的
質與量分析

6
配合零售商促
銷活動成效的
質與量分析

7
銷售作法創新
成效的質與量
分析

8
銷售人員團隊
創新成效的質
與量分析

9
銷售通路創新
成效的質與量
分析

七、服務部／客服中心績效指標

圖28-7　服務部／客服中心創新價值的績效指標

1
服務 SOP 作業
創新變革成效的
質與量指標

2
服務人員素質提升
及培訓創新成效的
質與量指標

3
服務滿意度
革新成效的
質與量指標

八、人資部績效指標

圖28-8 人資部創新價值的績效指標

1	人才召募作法創新成效的質與量指標	**4**	人才晉升作法創新成效的質與量指標
2	人才培訓創新成效的質與量指標	**5**	人才潛能發揮創新作法成效的質與量指標
3	人才績效考核作法創新成效的質與量指標	**6**	高階領導人接班團隊培養創新作法成效的質與量指標

九、財務部績效指標

圖28-9 財務部創新價值的績效指標

1 各子公司 IPO 上市櫃進度成效的質與量指標

2 資金來源取得及準備創新作法成效的質與量指標

3 資金成本下降創新作為成效的質與量指標

十、採購部績效指標

圖28-10 採購部創新價值的績效指標

1 採購來源多樣化創新作法成效的質與量指標

2 採購品質確保創新作法成效的質與量指標

3 採購交期確保創新作法成效的質與量指標

4 採購成本控制及降低創新作法的質與量指標

5 採購交貨量保證創新作法成效的質與量指標

Chapter **29**

大型零售公司「自有品牌」（PB）產品創新綜述

大型零售公司「自有品牌」（PB）產品創新綜述

一、何謂「PB 產品」

所謂 PB 產品，係指：Private Brand（私有品牌、自有品牌），意指：大型零售公司以向外工廠代工產品，掛上自己的品牌，然後在自己連鎖賣場銷售產品的狀況。PB 有時候，也有人稱為 LB（Labeling Brand），只是英文字不同，中文意思都是相同的。總體來說，PB 產品可稱為：

1. 零售商自有品牌產品
2. 通路商自有品牌產品

二、PB 產品成功案例

茲圖示如下 PB 產品推出成功的案例如下：

圖29-1

案例1　全聯超市

(1) 美味屋：便當、小菜、冷藏微波食品
(2) We Sweet：甜點、蛋糕
(3) 阪急麵包
(4) 平價、現煮幸福便當（60 元）

案例2　統一超商（7-11）

(1) CITY CAFE 最成功，年銷 3 億杯，乘上每杯均價 45 元，年創造業績 135 億元，獲利率 20%，獲利額 26 億元。
(2) CITY PRIMA（精品高價 80 元咖啡）
(3) CITY TEA（茶飲料）
(4) CITY PERAL（珍珠奶茶）
(5) 思樂冰
(6) 關東煮
(7) 飯糰
(8) 三明治
(9) 各式各樣、多口味的鮮食便當
(10) 統一麵包
(11) 星級饗宴便當
(12) 天素地蔬餐盒
(13) OPEN 小將
(14) 7-SELECT 飲品

案例3 全家超商

(1) 匠土司麵包
(2) 夯地瓜
(3) 霜淇淋
(4) FamilyMart 鮮食便當
(5) mimimore 甜點、蛋糕
(6) 各式聯名便當

案例4 日本最大零售集團 AEON（永旺）

TOPVALU 自有品牌產品，非常成功

案例5 家樂福

(1) 自有品牌名稱即為「超值家樂福」及「discount」（折價）家樂福。（品項有：衛生紙、餅乾、礦泉水、氣泡水、肉乾、蛋糕、雞蛋、泡麵及南瓜／香菇蔬菜等上百種之多）

案例6 台灣好市多（Costco）

Kirkland（柯克蘭）自有品牌，很成功。在美國的占年營收額占比達25%之高

案例7 屈臣氏

(1) 活沛多保健品
(2) Watsons
(3) 其他品牌

案例8 寶雅

(1) EXPECT
(2) PHILLIFE（菲兒）
(3) nature
(4) POYA
(5) ibeauty 美研飲

三、PB 產品的 5 項目的、效益

大型日本、台灣、美國、歐洲零售公司都有成功推出 PB 自有品牌產品的經驗，它們可發揮如下圖示的 5 種目的及效益：

圖29-2　PB 產品的 5 大目的、效益

四、PB 產品目前年營收占比

1. 統一超商：年營收 1,800 億 ×30% = 540 億元（主要以：各式鮮食便當、早餐、關東煮、CITY CAFE、冰品、飲品……等 100 多品項）
2. 全聯：年營收 1,700 億 ×3% = 51 億元
3. 家樂福：年營收 900 億 ×5% = 45 億元
4. 日本永旺零售集團：年營收 5 兆日圓 ×20% = 1 兆日圓
5. 日本 7-11：年營收占比 30%

五、PB 產品暢銷 5 要件

大型零售公司的 PB 產品要得到消費者歡迎及購買，必須具備 5 要件：

圖 29-3　PB 產品暢銷 5 要件

Chapter 30

創新與百貨公司「專櫃組合」
革新

創新與百貨公司「專櫃組合」革新

一、百貨公司及商場導入新專櫃及撤掉舊櫃的目的

國內外百貨公司及商場經常會定期、不定期的改裝及引進新專櫃或撤掉舊專櫃，這也是百貨公司為維持好業績、創造更高坪效及吸引年輕新客群的必然行動，也可視為一種經營創新與不斷革新的正確戰略行動。

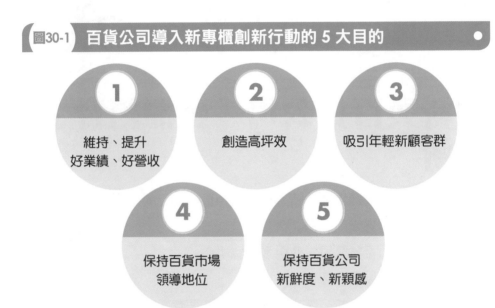

圖30-1　百貨公司導入新專櫃創新行動的 5 大目的

1. 維持、提升好業績、好營收
2. 創造高坪效
3. 吸引年輕新顧客群
4. 保持百貨市場領導地位
5. 保持百貨公司新鮮度、新穎感

二、導入新專櫃的 2 大類型

百貨公司、百貨商場、大型購物中心導入新專櫃，主要有 2 大類型：

圖30-2　導入新專櫃 2 大類型

1. 新商品（品牌）專櫃

＋

2. 新餐飲專區

效果
· 保持百貨公司、百貨賣場不斷的革新及創新
· 保持百貨公司新鮮感
· 提振坪效及業績

三、國內主力百貨公司、商場及購物中心

 圖30-3 國內主力百貨公司、商場及購物中心

① 百貨公司

(1) 新光三越
(2) SOGO 百貨
(3) 遠東百貨
(4) 微風百貨
(5) 京站百貨
(6) 統一時代百貨
(7) 漢神百貨
(8) 中友百貨
(9) 明曜百貨
(10) 台北 101
(11) 台北 BELLAVITA

② 購物中心

(1) 三井 Outlet
(2) 三井 LaLaport
(3) 華泰 Outlet
(4) 高雄夢時代
(5) 高雄義大世界
(6) 環球購物中心
(7) 大直美麗華

③ 商場

(1) 威秀電影商場
(2) 比漾商場
(3) 宏匯商場
(4) 秀泰電影商場

四、撤櫃的 6 要件

　　百貨公司、購物中心撤櫃的要件，如下圖示：

圖30-4 百貨公司撤櫃 6 要件

1 業績不好的、太差的、坪效很低的

2 業績達不到預期數字的

3 顧客需求不大的、很低的

4 未來看不到更好的

5 引不起顧客新鮮感的

6 對本館助益、效益不大

五、導入品牌、新餐飲專櫃的要件

圖30-5　百貨公司導入新品牌、新餐飲的 5 要件

1　業績及坪效應該會好一點的，而且會帶來人潮的

2　顧客比較有需求、比較有期待的、口碑好的、有特色的

3　比較有新鮮感、新穎感、驚喜感的

4　能比較吸引年輕新顧客群的

5　符合本館百貨公司定位的

Chapter 31

創新的「管理循環」 （P-D-C-A）

創新的「管理循環」（P-D-C-A）

一、何謂 P-D-C-A 管理循環？

　　管理實務上，有很多企業歸納出所謂「管理循環」，其實只有 4 個步驟或 4 個英文字，此即：P-D-C-A，如下圖示：

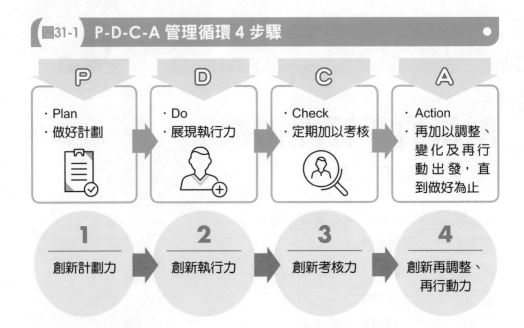

圖31-1　P-D-C-A 管理循環 4 步驟

P	D	C	A
· Plan · 做好計劃	· Do · 展現執行力	· Check · 定期加以考核	· Action · 再加以調整、變化及再行動出發，直到做好為止
1 創新計劃力	**2** 創新執行力	**3** 創新考核力	**4** 創新再調整、再行動力

二、創新「計劃力」

　　做領導及管理的主管們，都必須知道，每一件事、每一件任務、每一個目標要達成，首先要做的，就是先要做好「計劃力」，也就是要先有好的想法、好的推理、好的設想、好的創意、好的步驟、好的方法，這就是先訂出好的「計劃案」出來。而「創新計劃」，在實務上，依時間長短劃分，大致可區分為 3 種：

圖31-2 依時間長、短,劃分「創新計劃」的 3 種

 1 短期創新計劃

指未來一年度的及每個月進度的創新計劃內容報告書

一年計劃

 2 中期創新計劃

指未來三年度的創新計劃內容報告書

三年計劃

 3 長期創新計劃

指未來十年度(2024~2034 年)創新計劃內容報告書

十年計劃

三、創新「執行力」

在創新「執行力」方面,主要有 2 種組織執行力狀況,如下圖示:

圖31-3 創新「執行力」的 2 種組織狀況

組織1

‧由專責、負責部門/單位獨立進行、推動創新
‧例如:由商品開發部負責,或由研發部負責,或由營業部負責,或由門市部負責

或

組織2

‧成立小組或委員會團隊合作進行、推動創新
‧例如:成立「新世代新商品開發推動委員會」,由商開部、技術部、製造部、採購部、營業部、行銷部等 6 大部門一級主管組合

四、創新「考核力」

對各部門創新行動的定期考核力，是必需的，有定期考核，才會形成大家對工作、任務、目標的積極性、努力性、進度性、成果性、合理壓力性。

圖31-4　定期考核力的對員工 5 大功能

而在定期考核作法上，又可區分為 2 種狀況，如下圖示：

圖31-5　定期考核的 2 種狀況

狀況1	狀況2
・緊急的 ・急迫的 ・重大的	・不急迫的 ・正常的 ・按年度計劃來的
每週一次，舉行跨部門檢討會議，以追蹤執行進度及成果	可延長為每個月一次，舉行跨部門檢討會議，以追蹤執行進度及成果

五、創新「再調整、再出發力」

最後，第 4 個階段，就是針對考核、檢討開會之後，要再對一些地方展開調整或改變或革新，其項目如下圖示：

圖31-6 創新再調整、再出發的 11 個項目

1 調整方向	**7** 調整設備投入
2 調整策略	**8** 調整進度修正
3 調整人力	**9** 調整重點事項
4 調整組織	**10** 調整內部／外部支援
5 調整作法、方法	**11** 調整創新的內容、成份、原物料、技術、組成……等
6 調整財力投入	

Chapter **32**

服務創新綜述

服務創新綜述

一、台灣近五年，整體企業服務人員素質及服務創新，都有大幅提升及進步

以作者本人，多年來經歷過自己親自去過的行業及公司，發現近五年來，國內各行各業在「平均服務素質」均有很大提升，在「服務創新」方面，也有很大進展及進步，整體「顧客服務滿意度」也大幅進步上升，這也說明了台灣的整體企業經營水平、員工服務水平、以及人民的教育素質，都有很明顯的進步，也應列在全球前十名國家之內。

二、「服務創新」的各行業、各公司案例

茲圖示近十年來，國內各行各業及各公司，在服務水準、素質、及創新方面，有大幅進步及提升的狀況，如下圖示：

圖32-1　各行各業「服務創新」、「服務進步」的公司

☆ 1 超商業
- 統一超商
- 全家
- 萊爾富

☆ 2 百貨公司業
- 新光三越
- SOGO 百貨
- 遠東百貨
- 微風百貨
- 101 百貨
- 統一時代百貨

☆ 3 購物中心業
- 環球購物中心
- 三井 Outlet
- 三井 LaLaport
- 遠東新竹巨城
- 大直美麗華
- 高雄夢時代

☆ 4 美妝連鎖業
- 寶雅
- 屈臣氏
- 康是美

☆ 5 藥局連鎖業
- 大樹
- 杏一
- 躍獅
- 維康
- 佑全

☆ 6 餐飲業
- 王品
- 瓦城
- 饗賓
- 築間
- 漢來
- 欣葉
- 王座

☆ **7 銀行**

· 富邦台北
· 國泰世華
· 中國信託
· 玉山銀
· 兆豐銀
· 元大銀

☆ **8 五星級大飯店**

· 君悅
· 晶華
· W 大飯店
· 四季飯店
· 文華東方
· 香格里拉
· 遠東、萬豪

☆ **9 醫院**

· 台大醫院
· 台北榮總
· 林口長庚
· 北醫醫院
· 萬芳醫院
· 台北慈濟醫院

☆ **10 航空公司**

· 中華航空
· 長榮航空
· 星宇航空
· 台灣虎航

☆ **11 量販店**

· 台灣好市多（Costco）
· 家樂福
· 大潤發
· 愛買

☆ **12 超市**

· 全聯
· c!ty'super
· 美廉社

☆ **13 電信**

· 中華電信
· 台哥大電信
· 遠傳電信

☆ **14 電影城**

· 威秀
· 秀泰

☆ **15 壽險**

· 國泰人壽
· 富邦人壽

☆ **16 服飾業**

· 優衣庫（Uniqlo）
· GU
· NET

☆ **17 書店**

· 誠品
· 金石堂
· 墊腳石

☆ **18 速食**

· 麥當勞
· 摩斯
· 肯德基
· 漢堡王

☆ **19 手搖飲**

· 50 嵐
· 大苑子
· 清心福全
· 珍煮丹
· 可不可
· 日出茶太

☆ **20 3C／家電連鎖業**

· 全國電子
· 燦坤 3C

☆ **21 電商業**

· momo
· 蝦皮
· PCHome
· 博客來

☆ **22** 健身中心

- World Gym
- 健身工廠

☆ **23** 五金居家

- 特力屋
- 寶家
- 振宇

☆ **24** 運動用品連鎖業

- NIKE
- adidas
- 迪卡儂

☆ **25** 美妝專櫃業

- SK-II
- CHANEL
- DIOR
- 蘭蔻
- 雅詩蘭黛
- 資生堂
- Sisley
- LA MER
- Kiehl's

☆ **26** 眼鏡連鎖業

- 寶島
- 小林

☆ **27** 鍋貼、水餃連鎖業

- 八方雲集
- 四海遊龍

☆ **28** 名牌精品連鎖業

- LV
- GUCCI
- CHANEL
- DIOR
- HERMÈS
- Prada
- Rolex
- PP 錶（百達翡麗）
- Tiffany
- Cartier
- 寶格麗
- Ferragamo
- Coach

☆ **29** 房仲業

- 永慶房屋
- 信義房屋
- 台灣房屋

☆ **30** 汽車銷售業

- 和泰 TOYOTA 汽車經銷商
- 賓士經銷商
- BMW 代理商
- LEXUS 經銷商
- Volkswagen 福斯經銷商
- 裕隆／中華汽車經銷商

☆ **31** KTV 業

- 錢櫃
- 好樂迪

三、服務創新的 8 大面向重點

企業在服務創新方面，可從下面幾個面向著手行動，如下圖示：

服務創新的 8 個面向

① 服務人員素質、水準要創新、要挑選

② 服務制度、SOP、系統要創新、革新

⑧ 服務電話等待時間要加快、要革新

③ 服務速度要創新、革新

⑦ 服務考核方式要革新、創新

④ 服務上班時間要革新

⑥ 服務人員培訓方式及內容要革新、創新

⑤ 服務獎勵、獎金要革新

四、服務革新、創新的 4 大效益

企業在服務革新、創新的不斷進化、進步、成長之下，可為企業自身帶來下列好處及效益，如下圖示：

圖32-3　企業服務不斷革新、創新之下的 4 大效益

效益1	效益2	效益3	效益4
顧客滿意度可提升、好感度可提升	顧客好口碑會傳出去，會推薦其他顧客來	顧客會再回購率、回店率可再提升	對公司營收提升、成長會有助益

五、服務創新關鍵點的 4 種地方

企業要做好服務及服務更進一步革新及創新，要留意以下 4 種地方：

圖32-4　企業服務顧客的 4 種關鍵地方

1 ｜門市店內、專賣店內、經銷店內、營業現場、專櫃現場

2 ｜客服中心（0800 電話客服中心）

3 ｜維修廠現場

4 ｜服務維修人員到家服務

Chapter 33

代理品牌引進創新

一 代理品牌引進創新的成功案例

二 代理國內外品牌的 8 個要件

代理品牌引進創新

一、代理品牌引進創新的成功案例

近幾年來,有一些企業代理國內外品牌上市做行銷,這也是一種經營模式的創新,值得肯定。茲列示一些成功案例:

圖33-1 代理品牌引進創新成功案例

案例1 恆隆行

- 恆隆行成功引進英國 Dyson 高價吸塵器、吹風機、空氣清淨機、除濕機等產品,都非常暢銷,占該公司年營收額 90 億元的 60 億元之高
- 恆隆行從選品、代理進口、銷售通路、行銷廣告、維修服務一條龍作業

案例2 欣臨企業

- 欣臨代理國外 20 多個國家的消費品在台灣上市銷售,包括:阿華田、利口樂、立頓、樺達喉糖、味好美……等 20 多個消費品品牌。年營收額超過 100 億元

案例3 黑松、味丹

- 代理國內金門高粱酒、白酒在台銷售
- 黑松公司代理金酒 50 度以上白酒銷售
- 味丹代理金酒 50 度以下白酒銷售
- 該兩公司均有銷售高粱酒及白酒的銷售通路

案例4 10/10(Ten over Ten)

- 10/10 公司為代理歐美具有特色、小眾品牌、利基市場的保養品、香氛品、護膚品、洗髮露……等數十種小眾精品品牌到台灣上市銷售

案例**5** 和泰汽車

- 日本豐田 TOYOTA 公司在台灣的總代理公司
- 代理 TOYOTA 車系、LEXUS 車系、HINO 商用車系 Crown 及 Alphard 高價車系等,目前為國內第一大汽車銷售公司,市占率高達 33％之高,非常成功的總代理公司,也為上市櫃公司

案例**6** 汎德公司

- 代理歐洲 BMW 豪華車銷售,多年來代理銷售業績佳,目前為上市櫃汽車公司

案例**7** 三陽公司

- 除自營三陽機車事業外,也代理韓國現代汽車在台銷售,每年業績都有成長

案例**8** 匯豐公司

- 代理歐洲的 Audi、VOLVO、VW(福斯)等汽車品牌在台銷售

案例**9** 王座餐飲公司

- 王座餐飲公司為六角國際公司的旗下子公司,主要代理國內外五個餐飲品牌經營:
  (1) 韓國橋村炸雞店
  (2) 大阪王將店
  (3) 段純貞牛肉麵店
  (4) 杏子日式豬排店
  (5) 京都勝牛店

二、代理國內外品牌的 **8** 個要件

如何做好代理國內外品牌的 8 個要件,如下圖:

圖33-2 代理國內外品牌的 8 個要件

1 確信是好產品，產品力夠好、夠強	**5** 產品要有特色，產品不怕賣貴，就怕沒特色
2 確信是好品牌，品牌形象度及知名度均夠才行	**6** 雙方合作默契良好
3 不在乎小眾市場，只要產品好，小眾市場也能做到暢銷	**7** 國外原廠不會收回代理權
4 國外原廠的研發、技術、商品開發力強，可做後續產品創新	**8** 代理合約中的各項條件，均屬合理

Chapter 34

○○公司商品開發部「今年度新品開發計劃」報告大綱

— 商品開發部「年度新品開發計劃」報告大綱

○○公司商品開發部「今年度新品開發計劃」報告大綱

一、商品開發部「年度新品開發計劃」報告大綱

　　茲列舉某消費品公司商品開發部的「年度新品開發計劃」報告大綱：

圖34-1　商品開發部今年度新品開發計劃報告大綱（9項）

1	去年度新品開發計劃執行成果總檢討及總策進	6	今年度新品開發上市預計經費需求說明
2	今年度新品開發上市總目標、總原則說明	7	本部門各項重點工作人員、組織配置說明
3	今年度外部營運環境變化及趨勢分析說明	8	今年希望相關部門配合支援事項說明
4	今年度新品開發上市的重點、方向、品項、內容、名稱、時程表具體說明	9	總結與裁示
5	今年度新品開發上市預計成效、成果分析說明	10	其他附件、附表參考

Chapter 35

面對創新的五個允許觀念

一　面對創新的五個允許觀念

面對創新的五個允許觀念

一、面對創新的五個允許觀念

談到創新，本章要提出五個允許的觀念，如下：

（一）創新，是可以允許及容忍失敗的

企業所有部門及所有人員的創新投入及花費，並不保證每一件創新都 100%
成功及一路順利的；有時候，創新也會失敗的，包括：研發失敗、技術升級失
敗、新產品開發上市失敗、行銷廣告創新失敗、門市店型改革失敗、新口味失敗、
新事業失敗、新制度失敗等均是。所以，面對所有創新，高階領導人及部門主管
都要能容忍及允許部屬的創新失敗可能性，把它們當成是「學習成本」、「是繳
學費」、「是未來成功的基石」，如此，才是對的領導人觀念。

圖35-1 創新可能失敗的案例

1 研發專案失敗	2 新產品開發及上市失敗	3 口味調整失敗	4 新食材餐飲推出失敗
5 門市店型改變失敗	6 新專櫃引進失敗	7 新車型上市失敗	8 新事業推展失敗
9 多角化失敗	10 行銷創意失敗	11 藝人代言人失敗	12 新制度失敗

圖35-2　允許創新失敗的成本付出的觀念

把創新的可能失敗

① 當成是學習成本付出

② 當成是繳學費

③ 當成是未來成功的踏腳石、基石

領導人及部門主管不必苛責底下的部屬、員工

（二）創新可以允許逐步、逐次改良、前進，才能創新成功，而不必一次就成功

任何的創新，都不是一次就很成功、很有成果的；而是要累積好幾次的試驗、試做、逐步改良／強化／調整／改變，最後才會達到最終的創新成功。

1. 統一超商的 CITY CAFE 也是推了五年之後，才逐步成功的。

2. 台積電晶片製造良率的提升，也不是在一年內完成的，都是逐年進步、改良而成功。

3. 大立光 iPhone 手機鏡頭，從單一個到多個鏡片，是花很多年才達成。

4. 統一超商的多樣化、多元化、多口味、多食材鮮食便當，也是從最早的 50 元國民便當，累積十年之久，才發展及創新到今天成功的成果。

5. 國內各大新聞台播報新聞及畫面呈現，也是花了十多年時間，才進展到今天進步的創新成果。

6. 國內各大便利商店業者，在店型的改革與創新上，累積了十多年，才從小坪數→中坪數→大店化→餐桌椅化→複合店化→店中店化→數位媒體化等，逐次、逐步、逐年而改良、改革、革新及進步。

圖35-3 　創新，不是一次就成功的，是逐次、逐步累積改良、強化而出來的案例

1 統一超商 CITY CAFE 的成功

2 台積電高良率的先進晶片製程成功

3 各超商多樣化、多口味、好吃的鮮食便當成功

4 各新聞台主播、畫面、內容呈現的成功

5 大立光的多鏡片 iPhone 手機照相功能成功

6 各大超商店型的改變、改革及創新成功

（三）創新，不是單指高科技公司的 R&D 研發事項而已，一般消費品公司及零售業也允許做很多創新工作

　　提到創新，大家經常只想到台積電、大立光、聯發科、廣達、鴻海……等高科技公司 R&D 研發創新及技術創新而已；其實，更多的內需型、內銷型行業，例如：零售業、餐飲業、食品／飲料業、日常用品業、消費品業、家電業、各種連鎖店業、娛樂業、媒體業、網路業、廣告業、公關業、活動業、社群媒體業、網路新聞業、電影業、有線電視業、汽車業、機車業、運動用品業、醫藥品業、保健品業……等，也都常有創新的成果。

圖35-4　非高科技業也有很多創新表現的很大空間

1
各種零售業（超商、超市、量販店、百貨公司、Outlet）

2
餐飲業

3
食品、飲料業

4
日常用品業

5
消費品業

6
家電業

7
各種連鎖店業

8
娛樂業

9
媒體業

10
網路新聞業

11
廣告業

12
公關業

13
活動公司業

14
社群媒體業

15
有線電視業

16
汽車業

17
機車業

18
醫藥品業

19
保健品業

20
電影業

21
運動用品業

（四）創新，是允許員工自己主動提出，而不是等待長官交待的

　　很多的創新，應該是由部門及員工自己主動提出來的，而不必等待老闆及長官交待才去做的。所以，全體員工對全方位創新、革新、改革的心態及作為、行動，是非常重要的，一定要「主動積極」，而不是「被動交待」。

　　創新，是允許可以打破過去傳統作法及框框的；最後一個，就是，創新，是可以允許員工在創新過程中，可以打破過去的傳統作法、傳統規定及傳統框框的；如此，才能稱為真正、透徹、有意義、有巨大改革成果的創新。

圖35-5　**面對創新的 5 個允許觀念**

① 創新，是可以允許及容忍部屬失敗的可能性

② 創新，可以允許逐步、逐次的改良、前進，才能創新成功的，而不必一次就成功

③ 創新，不是單指高科技公司的 R&D 研發事項而已，一般消費品公司及零售業公司也允許做很多創新工作

④ 創新，是允許員工自己主動提出，而不是等待老闆及長官交待

⑤ 創新，是允許可以打破過去傳統作法、傳統思維及傳統框框的

Chapter **36**

創新與績效考核

一	對組織創新要求，仍要給予定期績效考核
二	各部門創新績效指標項目

創新與績效考核

一、對組織創新要求，仍要給予定期績效考核

企業經營，對於任何事業、任何公司、任何部門、任何專案、任何人員，都必須給予必要的「定期績效考核」，才能確保工作成果與工作績效的達成要求。這也是前面講到「管理循環」（P-D-C-A）的一部重要必經流程，如此，才能經營上軌道。對創新工作的績效考核，從何做起？就是依照各相關部門在年初（1月份）自己訂定的「年度創新計劃」來考核。

圖36-1 對創新要求的「年終定期績效考核」

針對各部門在年初訂定的「年度創新計劃」

給予定期的或年終（12月底）的績效成果考核

二、各部門創新績效指標項目

茲圖示如下組織內各部門在創新績效的一些指標項目：

圖36-2 各部門創新績效指標項目

 商品開發部

(1) 既有產品改良創新成功的質與量
(2) 新產品創新上市成功的質與量

 R&D（研發部）

(1) 新技術開發、升級、突破、成功的質與量

 製造部

(1) 製造良率提升的質與量
(2) 生產效率提升的質與量
(3) 製造成本控制的質與量

 採購部

(1) 採購品質提升的質與量
(2) 採購成本下降的質與量
(3) 採購分散的質與量

 營業部

(1) 營業創新案件的質與量
(2) 營業坪效提高的質與量
(3) 營業業績提升的質與量

 行銷部

(1) 行銷創新案件的質與量
(2) 對品牌力、品牌資產價值提升的質與量
(3) 對業績支援案件的質與量

 售後服務部

(1) 對售後服務創新案件的質與量
(2) 對售後服務顧客滿意度提升的質與量

 人資部

(1) 對人資創新案件的質與量
(2) 對人力資本、人力團隊強化、人才組織能力提升的質與量

Chapter **36**

創新與績效考核

Chapter **37**

會員紅利點數的行銷創新經營

一	會員紅利點數的創新經營成功案例
二	會員紅利點數生態圈創新成功案例
三	紅利點數的功能

會員紅利點數的行銷創新經營

一、會員紅利點數的創新經營成功案例

　　近五年來，國內各大零售業、各大連鎖店業、各大餐飲業、各大服務業等，都搶快發展所謂的「會員紅利點數」的行銷創新行動，對穩固會員消費習性及穩固營收業績，帶來很大助益。此種行銷創新的成功公司，如下圖示：

圖37-1 「會員紅利點數」行銷創新的成功案例

1 統一超商	**2** 全家超商	**3** 全聯超市	**4** 王品餐飲集團
5 家樂福	**6** 台灣 Costco（好市多）	**7** 富邦 momo	**8** 寶雅
9 屈臣氏	**10** 康是美	**11** 大樹藥局	**12** 杏一藥局
13 SOGO 百貨	**14** 新光三越百貨	**15** 三井 Outlet	**16** 饗賓餐飲集團
17 統一時代百貨	**18** 日本樂天集團	**19** 遠東百貨	**20** 微風百貨
21 特力屋	**22** 麥當勞	**23** 摩斯	

二、會員紅利點數生態圈創新成功案例

有些企業集團，結合內外部資源，形成會員紅利點數生態圈創新成功案例：

圖37-2 **會員紅利點數生態圈創新成功案例** ●

案例1 統一超商紅利點數生態圈

- 統一超商的 OPEN POINT 點數，可以適用在該集團 13 個通路使用
  (1) 統一超商
  (2) 康是美
  (3) 星巴克
  (4) 博客來
  (5) 黑貓宅急便
  (6) 家樂福
  (7) 夢時代
  (8) 聖德科斯
  (9) 統一時代百貨
  (10) 多拿滋
  (11) 聖娜麵包
  (12) 酷聖石冰品
  (13) 21 世紀風味館

案例2 momo點數生態圈

- 目前已有 1,000 萬會員
- 會員點數可以使用在
  (1) momo 電商
  (2) 台哥大電信
  (3) 凱擘有線電視

案例3 王品紅利點數生態圈

- 王品瘋美食 App 下載會員人數已達 350 萬
- 在集團 25 個品牌及 320 家店均可使用累點及兌點使用

案例4 日本樂天集團點數生態圈

- 目前適用在
  (1) 樂天電商
  (2) 樂天電信
  (3) 樂天旅遊
  (4) 樂天銀行
  (5) 其它樂天關係企業

案例5 遠東集團點數生態圈

- 目前會員人數超過 1,000 萬人。
- 點數可使用在
  (1) SOGO 百貨
  (2) 遠東百貨
  (3) 愛買量販店
  (4) c!ty'super 超市
  (5) 遠傳電信
  (6) 遠企中心
  (7) 遠東大飯店
  (8) 遠東新竹巨城

三、紅利點數的功能

會員卡或 App 紅利點數的累點及兌點功能，包括：

圖37-3　紅利點數的功能

1
可提高會員的黏著度、忠誠度、回購率及回店率

2
最終，可穩固公司每月、每年的營收業績貢獻

Chapter 38

「品牌年輕化」創新

「品牌年輕化」創新

一、品牌老化的 6 項不利後果

任何品牌經過 30 年、50 年、80 年、100 年營運之後，不免都會有品牌老化現象出現，若不加以革新及創新，將會產生很大的不利後果，如下圖示：

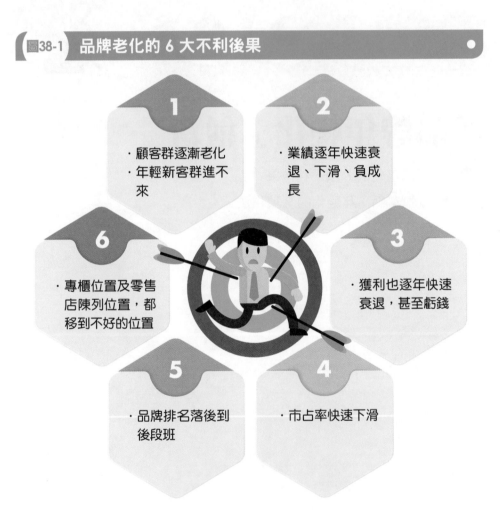

圖38-1　品牌老化的 6 大不利後果

1
· 顧客群逐漸老化
· 年輕新客群進不來

2
· 業績逐年快速衰退、下滑、負成長

3
· 獲利也逐年快速衰退，甚至虧錢

4
· 市占率快速下滑

5
· 品牌排名落後到後段班

6
· 專櫃位置及零售店陳列位置，都移到不好的位置

二、品牌創新、年輕化的 9 項作法

　　企業為避免品牌老化及如何努力改革、創新、變革，使其品牌活化起來、再生起來及年輕化起來，可有如下 9 項作法：

圖38-2 品牌活化、再生、年輕化的 9 項創新、改革

1
· 將品牌重新定位，定位在年輕化的位置及形象上

2
· 適時推出較年輕化的新產品，丟掉老舊產品

3
· 選用較年輕化且受歡迎的藝人或 KOL 網紅為新產品代言人

4
· 將門市店改裝年輕化、店型及裝潢定調在年輕化、時尚化、活潑化

5
· 將產品的外包裝、文案、LOGO 及新產品名稱，都改為年輕化取向

6
· 將所有廣告文案、廣告影片、記者會、公關活動、粉絲團經營一律年輕化呈現

7
· 可採跨業異業聯名行銷，找更年輕化品牌來互相聯名產品行銷呈現

8
· 銷售通路除實體賣場外，也要在電商平台或自家官網上上架銷售，達到銷售通路數位化、年輕化

9
· 所有戶外廣告呈現，一律以年輕化表現為創意要求

Chapter 39

企業為什麼會創新落後、創新不如人的全方位 16 點因素探討

企業為什麼會創新落後、創新不如人的全方位 16 點因素探討

一、創新績效不佳的 16 個因素

有些企業創新績效很好、很領先；有些企業則創新績效不佳、落後、不如人，全方位檢討起來，計有下列圖示的 16 個因素：

 績效不佳

因素1 缺乏創新的企業文化、組織文化

有些公司的企業文化、組織文化、員工思維及行為，都明顯缺乏對創新重視的企業文化及組織文化，只在保守組織氣氛中過日子。

因素2 高階領導人不重視且不要求

老闆、董事長、總經理等高階領導人，對各單位的創新表現不夠重視，也不夠要求，既然上層不重視，下層的員工也不會去多做它。

因素3 缺乏一套創新制度與創新激勵

公司組織內部，也沒有一套對各部門、各工廠、各中心要求創新表現的制度、辦法、規章，以及也沒有對創新的特別獎勵辦法，自然做不起創新活動。

因素4 創新人才不足

有些公司規模不夠大，營收不夠多，使得組織在各種創新人才均顯不足，包括：技術創新的、製造創新的、產品創新的、業務銷售創新的、行銷創新的諸多人才，都顯不足，量與質都不。

因素5 內部組織良性競爭機制不足

有些公司缺少內部組織的良性競爭機制及文化;例如:沒有設立各個利潤中心
(BU)制度,大家吃大鍋飯,不會大家相互競爭求表現、求賺錢,如此狀況下,
自然也不會去多做創新。

 因素6 領導主管對領導創新的能力不足

有些中、高階領導主管自己,對如何有效領導部屬們去做創新也一無所知,只
有行政領導,沒有專業的創新領導,如此之下,整個部門就很難有創新成果出
來。

 因素7 缺乏納入年終績效考核指標項目

很多公司的年終績效考核指標項目,都忽略把創新表現這一項,納入在考核分
數指標內,造成員工們也不重視創新。

 因素8 每年R&D(研發)經費提撥不足

台積電年營收2兆台幣,每年提撥8%,即1,600億元,做R&D研發經費使用,
已是相當充足了。但有些中小型企業沒有能力提撥更足夠的R&D研發經費,
使其技術創新能力及表現,就不夠好。

 因素9 公司獲利子彈、條件不足,無法大幅支持創新

有些雖為高科技公司,但由於經濟景氣不佳時,會使公司獲利大幅減少,甚至
虧錢,使其沒有財務子彈去支援耗錢的科研創新及技術升級工作。

 因素10 缺乏設立「全公司創新戰略委員會」組織模式

不少上市櫃大公司集團,都會設立涵蓋全公司、全集團、最高階的「創新戰略
委員會」,由全公司一、二級高階主管組成,每個月定期開會一次,討論各部
門創新工作進展狀況。如缺乏此種委員會,自然創新績效不好。

因素 **11** 全公司與時俱進表現不佳

任何公司都必須保持每天、每週、每月、每季、每年的與時俱進，才能跟整個團隊進步，一起向前奔跑。如此，也才更能擁抱新時代之下的各種創新；如果企業不能與時俱進，那如何創新進步呢？

因素 **12** 全公司長期累積的「組織能力」不足

有些公司的成功，是由於他們累積了二十年、三十年、五十年、一百年的「組織能力」強大所致的；如果一家公司的全員組織能力、組織競爭力不夠，那麼創新也很難。

因素 **13** 組織陷入老化、僵化、保守化、危機化

有些公司雖大，但也會面臨組織及成員的老化、僵化、保守化、危機化，使得不知、也不想去創新求進步、求再成長，成為一個痴肥、恐龍型無用大組織。

因素 **14** 老闆革新決心不足

有時候，有些佛心老闆面對企業日益衰退，也做老好人，不敢改革組織、不敢改革各位主管，更不要提如何創新。

因素 **15** 缺乏足夠吸引人的創新成功獎金及獎勵

有些公司、有些老闆，對員工的任何創新行動及成果，只給很少的一萬、二萬鼓勵金，這自然吸引不了人；有些大公司、高科技公司經常發給幾百萬、上千萬元的研發成果獎金給研發部門、小組及個人，自然誘因很大。

因素 **16** 賞罰分明不夠清楚

有些公司對各種創新成果的賞罰不夠分明，應賞的，賞不夠；該罰的，也沒罰，自然使創新努力全面衰退、全面下滑。

圖39-2 企業「創新績效不佳」的 16 個因素

1 缺乏創新的企業文化與組織文化

2 高階領導人不重視且不要求

3 缺乏一套創新制度與創新激勵

4 創新人才不足

5 內部組織良性競爭機制不足

6 各級領導主管對創新的領導力不足

7 缺乏納入年終績效考核指標項目

8 每年R&D（研發）經費提撥不足

9 公司獲利子彈條件不足，無法大幅支持創新

10 缺乏設立「全公司創新戰略委員會」組織模式

11 全公司與時俱進表現不佳

12 全公司長期累積的組織能力不足

13 整個組織陷入老化、僵化、保守、危機化

14 老闆改革、革新決心不足

15 缺乏足夠吸引人的創新成功獎金及獎勵

16 賞罰分明不夠清楚

二、小結：從這 16 個因素改善、強化做起

　　經過上述分析，可以得出，企業如要做好各種創新工作成果，必須努力從上述 16 個全方位因素，一個一個改善、強化做起，自然就會朝向一個「進步且創新」的成功組織及卓越企業。

Chapter **40**

《產業創新條例》對國內高科技廠商研發費用及設備費用的所得稅抵減優惠

《產業創新條例》對國內高科技廠商研發費用及設備費用的所得稅抵減優惠

一、政府提供研發及設備兩項投入抵減所得稅優惠

根據政府的《產業創新條例》第 10 條之 2 的法律條款，對國內科技廠商提供兩項可抵減當年度應納營利事業所得稅額之優惠：

圖40-1 《產業創新條例》鼓勵科技廠商抵減所得稅優惠規定 ●

1. R&D費用抵減

投資於前瞻創新研究發展支出的 25%，得抵減當年度應納營利事業所得稅額。

2. 設備抵減

購買先進製程的全新機器或設備，支出金額的 5%，得抵減當年度應納營利事業所得稅額。

二、申請研發及設備投資抵減的門檻

但上述兩項抵減優惠，有兩項申請門檻：

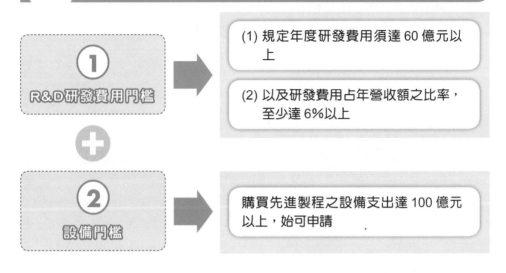

圖40-2 研發抵減優惠的兩項門檻

①
R&D研發費用門檻

➡ (1) 規定年度研發費用須達 60 億元以上

➡ (2) 以及研發費用占年營收額之比率，至少達 6%以上

+

②
設備門檻

➡ 購買先進製程之設備支出達 100 億元以上，始可申請

三、適合申請的高科技廠商

國內半導體大廠，包括：台積電、聯電、南亞科、力積電、日月光、矽品及力成等半導體大廠，都表示會根據法規，針對研發支出及先進設備採購支出等兩項投資抵減，依法規提出申請。

四、法規名稱

根據經濟部與財政部訂定的台版晶片法子法，即《公司前瞻創新研究發展及先進製程設備支出適用投資抵減辦法》，於 2023 年 8 月 7 日正式發布實施。

發費用及設備費用的所得稅抵減優惠
《產業創新條例》對國內高科技廠商研

第二篇
企業創新實戰致勝成功個案介紹（計 40 個個案）

個案 1　統一泡麵：
長青 50 年，屹立不搖的行銷創新秘訣

一、全台泡麵產值

全台泡麵產值，一年推估約 140 億元，每年保持微幅 2%～ 4%的成長率，近十年來，大概從每年 100 億產值，成長到目前的 140 億。其中，以統一泡麵市占率 44%居最高，年銷 62 億元；其餘 56%的 82 億元，則為其他品牌所銷售，包括：維力、味全；其他日本、韓國進口泡麵品牌……等。

二、統一泡麵採多品牌策略

統一泡麵在 2022 年成長 13%，年營收 62 億元；其中，3 大經典品牌，包括：統一麵、來一客，以及滿漢大餐等三大泡麵品牌，占統一泡麵總營收的 60%之高。這三大泡麵均已上市 30 年之久，每年銷量仍持續上升。統一泡麵總計有 13個品牌，90 款品項之多；其他知名品牌，還有：阿 Q 桶麵、大補帖……等。

三、統一泡麵長青 4 大秘訣

統一泡麵能夠長青、屹立不搖 50 年之久，據統一企業生活食品事業部部長陳冠福表示，計有 4 大秘訣，如下述：

（一）秘訣一：要持續為經典品牌加入新口味

陳部長表示，即使是經典款，但賣久了，也會被顧客遺忘，故要定期刷存在感才行。長銷經典款，都有一大群主顧客，不能輕易改變配方，但可加入新口味。例如：統一麵推出花椒擔擔麵新口味；滿漢大餐推出黃燈籠辣椒金牛肉麵新口味；大補帖推出藥燉排骨細麵等，結果從統一超商數據顯示，銷售量成長 10%～40%之間。

所以，新口味推出功能及原因，主要有兩個：能夠吸引新顧客、能夠提醒老顧客回購既有品牌。關於統一泡麵口味創新／推陳出新，有兩個步驟：

第一步：先搜集口味創新來源，有二種來源：

1. 從國人熟悉的湯頭下手，例：藥燉排骨、麻辣湯、麻油雞、薑母鴨。
2. 再從時下各餐廳熱銷商品下手，了解大眾流行口味；包括：火鍋店、泰式餐廳、韓式烤肉店等都可提供研發團隊數據參考。

第二步：再分組人員出動。包括：食品部 20 個研發人員及行銷企劃部 24 個行銷人員。他／她們跑遍全台最多人排隊及網路討論度最高麵店及餐廳，取樣回

來，研究它們的湯頭及麵種。

（二）秘訣二：要把既有品牌，每年當新品來賣、來做行銷

統一泡麵每年花 2.4 億元，做泡麵行銷費用、廣告費用，目的就是希望與主顧客的生活情境及品牌情感連結，別人也無法複製。例如統一肉燥麵強調國民老味道、平凡、百搭的品牌印象。尤其，2015 年推出「小時光麵館」統一麵五部曲之後，成功吸引年輕族群共鳴，環繞在失戀、母女關係、友情破裂等題材，單支微電影在 YouTube 觀看數達 300 萬之多。

（三）秘訣三：推出新品，要接近現做，才能活得久、賣得長

另外，也要努力開發未來有潛力的經典款新品，也是急迫重要目標。統一企業對新品上市要求很嚴格，必須經過羅董事長同意，才能上市。而研發活得久新品，首在麵體必須接近現做才行。統一現有 20 款麵體，要有好的 Q 度、咬感、好吸度、滑感度、吸引湯頭等條件才行。統一企業花 15 年時間，才研發出：非油炸麵，接近現做口感，可以滿足好吃、方便、健康要求，最近也賣得不錯；例如：大補帖品牌的藥燉排骨細麵，即是採用非油炸新麵體，也賣得不錯。

（四）秘訣四：湯頭研發要讓人記得，品評人員嚴格把關

泡麵要長銷，湯頭必須讓人一喝就記住才行。統一每款泡麵的湯頭，都有 15 個評量指標，包括：鹹度、酸度、辣度、甘甜度、中藥味度、顏色度……等。湯頭研發出來後，即交由各事業部人員組成的「統一品評隊」的品評員來進行「盲測考驗」；即是把外面麵店的湯頭與統一企業自己研發湯頭，互做盲測比較後，才能通過。

四、每年泡麵行銷預算

統一泡麵每年提撥年營收 62 億的 4%，計 2.4 億元，做為每年經典款泡麵的行銷預算；其中，90% 花在廣告投放上，包括：電視、網路及戶外廣告；另外，10% 則花在活動舉辦上。目前，每年會做廣告的幾款經典泡麵，包括：統一麵、大補帖、來一客、滿漢大餐等四大主力品牌。做廣告目的，主要在：提醒主顧客回購、持續加強主顧客對經典品牌的黏著度與情感度、增加潛在年輕新顧客群。

五、統一泡麵 2 大行銷理念

統一企業食品部陳部長表示，他對統一泡麵長期以來的 2 大行銷理念：

（一）要長期保持龍頭地位，絲毫不能有一點點鬆懈
（二）必須像放風箏一樣
1. 既要緊抓住既有經典款泡麵的市場銷售，不能掉下來，品牌也不能老化

掉；要用心每天維護品牌的領導地位。

2. 也要隨風勢放線，適時推出新產品，測試市場水溫，不斷嘗試，再創新成長業績；並找到下一個明星經典款泡麵。

六、統一泡麵的 3 大通路優勢

統一泡麵上市 50 年來，它的長期成功，主因之一，是擁有兩大超級通路的優勢，一個是統一超商（7-11）有 6700 店；另一個是家樂福（量販店＋超市）有 320 大店；這二個超級通路，帶來的優勢是：

1. 統一泡麵上架容易，上架的陳列空間也多一些，位置也好一些。

2. 擁有每天門市店的 POS 銷售及時資訊系統；可以第一手了解市場及顧客的反應數據及意見，能夠及時應變、改善，做得更好。

3. 可以了解及掌握別家泡麵品牌賣得如何，以及哪些口味、哪些品項賣得好。

七、集團董事長羅智先的經營理念

最後，統一企業集團董事長羅智先對其經營理念，曾以一句話表示：「對市場要永遠保持謙虛，並盡力滿足顧客生活之所需。」

問題研討

一、請討論全台泡麵市場產值大約多少？統一泡麵市占率大約多少？其他品牌有哪些？

二、請討論統一泡麵的多品牌策略為何？

三、請討論統一泡麵能夠長青暢銷 50 年的 4 大秘訣為何？

四、請討論統一泡麵經典款必須推出新口味的原因有哪二個？並請討論推出創新口味的兩個步驟為何？

五、請討論統一泡麵每款的湯頭，如何嚴格把關？

六、請討論統一泡麵每年行銷預算有多少？錢花在那裡？為何仍要做廣告，其目的為何？

七、請討論統一泡麵食品部陳部長的行銷理念為何？

八、請討論統一泡麵的 3 大通路優勢為何？

九、請討論統一集團董事長羅智先的經營理念為何？

十、總結來說，從此個案中，您學到了什麼？

個案 2　福和生鮮農產公司：國內最大截切水果廠商的創新成功秘訣

一、公司簡介

國內最大的水果批發商及截切水果廠商：福和生鮮公司，成立於 1971 年，已經 50 多年；該公司目前年營收達 20 億元，每年獲利 3 億元。該公司營運項目為：批發水果、水果出口外銷及截切水果賣給下游各大零售通路。

二、打進主流零售通路

福和生鮮公司的截切水果盒，目前已成功打入：統一超商（7-11）、全家超商、全聯超市、好市多、家樂福、大潤發等，均為其大型客戶；福和公司每天都供應這種鮮切水果盒上架，供消費者購買；消費者的反應也很好，一來為相當便利、方便，不必自己去削 / 切水果；二來定價也屬平價、不高，消費者可接受；三來鮮切水果盒的新鮮度及甜度都足夠；得到消費者好口碑。

三、做生意，要把「誠信」放在第一位，賺合理利潤

福和公司董事長邱進福表示，他經營生意 50 多年來，從沒有遇到客戶抱怨、砍單或退貨的狀況；邱董事長做生意的秘訣，即是：「把誠信放第一位，不會占別人便宜，也不會賺暴利，只求合理利潤，10%～ 15%即可。」

四、確保水果品質：新鮮及好吃

福和公司對水果品質的自我要求很高，是不能打折扣的。該公司投資 20 多億，引進最先進的冷凍水果設備及催熟設備，以保持水果的新鮮度、成熟度及甜度。另外，該公司也通過國內政府 CAS 生鮮截切水果認證，以及國際食安認證，為消費者食安把關。

五、掌握水果貨源

福和公司邱董事長對台灣水果產地很熟悉，知道哪個水果產地品質是最好的，而且其價格是合理的。福和公司與各縣市水果農民簽「長期供應合約」，當水果摘取之後，即由產地直送福和水果加工廠冷凍起來，全程保持冷鏈運送，以保持水果鮮度及好吃度。

六、眼光放遠一些，只要把品質顧好，客戶就會多起來

　　福和公司預估年營收額可以再成長一倍空間，從目前 20 億元，再成長到 40 億元；所以，福和公司近期才敢再投資 20 億去購買最先進的水果冷凍設備廠。邱董事長表示：「做生意，眼光要看遠一些，前面先辛苦一點，只要把品質顧好，客戶就會慢慢成長，多起來，生意就會做不完。」

七、總結：成功 7 要點

　　總結來說，福和公司的成功可歸納以下 7 點：

1. 確保好品質、高品質、好吃、新鮮的水果
2. 把誠信經營擺在第一位，獲得客戶信賴感
3. 不斷投資先進冷凍設備及催熟設備，做好基礎建設
4. 與水果農簽訂長期合作合約，確保取得好水果貨源
5. 取得國內、國外食安認證，確保好品質的 SOP
6. 售價合理，沒有暴利，都是合理利潤
7. 贏得好口碑，客戶介紹客戶來

問題研討

一、請討論福和公司的簡介？以及打進哪些主流零售通路？

二、請討論福和公司邱董事長的經營理念是什麼？

三、請討論福和公司如何確保水果的品質及鮮度？

四、請討論福和公司預估未來營收可以成長到多少？

五、請討論邱董事長所說「要把眼光放遠一點，先把品質顧好」那一段話的意涵為何？

六、總結說，福和公司經營成功 7 要點為何？

七、最後，從本個案中，您學到了什麼？

個案 3　日本松下：
面對未來成長的全方位改革創新大計

一、面對營收及獲利停滯狀態

　　日本松下電冰箱、洗衣機在日本有高市占率，電動車電池生產量也不錯。但攤開財報，近幾年都陷入停滯狀態。在 2022 年，營收額達 7.4 兆日圓（約 1.7 兆台幣），但遠不及 2006 年時營收的最高點。在 2022 年，營業利益為 3,500 億日圓，也是剩 40 年前的 6 成。而與競爭對手相比，日立公司的營業利益比松下多出 1.4 倍，SONY 公司營業利益額比松下多出 2.6 倍，此顯示，松下的獲利力不如日立及 SONY（索尼）。

二、營收停滯原因及推動三大改革

　　日本松下社長楠見雄規認為這十年來，松下營收及獲利停滯的大原因是——員工對主管過度言聽計從。僅是當一個乖員工，而停止了自主思考能力，呈現出一個缺乏主動、積極、自主思考力的組織體。故而，楠見雄規社長參考豐田汽車公司活化員工思考力的文化及作法，展開三大改革。

三、第一項改革：將龐大母公司組織體重組，轉換為 8 家獨立負責的子公司

　　自 2022 年 4 月起，日本松下母公司改為控股公司，內部組織改為 8 家獨立子公司，採取獨立決策的自主負責經營。以前，總公司權力很大，負責所有投資、新事業、人事、資金運用等，現在則全部大膽下放權力，擴大 8 家子公司的權力及責任。此目的，是要建立自主思考、自主負責、自主經營的獨立子公司組織體，也就是，各子公司都是 BU 體制（Business Unit，獨立利潤中心）。而且，以前總公司只重視當年度一個年度的獲利，現在則改為每 3 年的中期策略及營運目標。

四、第二項改革：推出「設計經營實踐計劃」，鍛鍊部門經理的思考能力

　　自 2021 年 11 月起，松下要求各子公司、各事業部門選出自己公司未來有成長、有希望的營運發展主題，以及思考如何實現目標的具體行動計劃為何。此舉能讓忙碌的部門經理人抬起頭來，創造出未來需要的新事業，以求松下未來復活。

五、第三項改革：生產實務現場的改革

自 2022 年 4 月起，松下以豐田公司為目標，成立「現場實務操作策略部」。每週一次下午 4 點後，各工廠各單位主管在大會議室集合，把各生產線提出的一個個問題，就在當場提出解決對策，並馬上聯絡外面供應商；並在會議室白板上，寫上各種目標及追蹤完成時間。此會議上，集合生產、品管、採購、承辦人，加強彼此橫向連結，以提供解決對策。

六、積極開發海外事業

日本松下業績停滯，不只是組織文化而已，另一個關鍵是海外市場成長很有限，而且不擅長海外併購。松下在 1985 年時，海外營收即達 50%，但 30 年後仍無成長，但是大金現在海外收入已占 8 成；SONY 也占 7 成，松下在海外市場的表現，也不如大金及 SONY。大金及 SONY 這二家公司都積極向海外投資、工廠擴建、海外併購，以因應日本國內市場的飽和成長不易。

七、展開「事業經營組合」的改革

日本松下另一個重要的改革，即是對「事業經營組合」的改革，把不易賺錢、沒有未來性的事業部賣掉，但透過併購或自己再發展出新的成長事業部門。楠見雄規社長要求未來二年內，8 家子公司要培養自己的事業競爭力，二年後，要採取選擇與集中，決定個別事業的去留。因為，社長看到在 2008 年，日立出現虧損後，即展開「事業經營組合」改革，確立主力事業的方向，展開改革努力，終有今天不錯的經營成果。

八、結語

日本松下已 105 年之久，全球有 24 萬名員工，是一家巨大的全球企業。這幾年來，大力推動企業文化、組織文化改革，以及事業組合、獨立子公司改革，可望擺脫它在營收及獲利的停滯，走向真正成長型企業之光明未來。

問題研討

一、請討論日本松下面對營收及獲利停滯狀態？

二、請討論日本松下營收及獲利停滯的根本原因為何？

三、請討論日本松下的第一項改革為何？為何要如此做？

四、請討論日本松下的第二項改革為何？

五、請討論日本松下的第三項改革為何？

六、請討論日本松下海外事業拓展結果如何？

七、請討論日本松下展開「事業經營組合」改革的狀況為何？

八、總結來說，從此個案中，您學到了什麼？

個案 4　SOGO 百貨：
如何開展新局，再創顛峯

一、經營績效佳

　　雖然在全球疫情期間，但 SOGO 百貨連二年營收額仍創下佳績；2021 年營收額為 412 億，年獲利 14 億；到 2022 年解封後，年營收額更上衝到 450 億元，成長率高達 17%，年獲利也要上衝到 17 億元，創下 SOGO 百貨史上新高；其中，台北 SOGO 忠孝館及復興館兩館營收均破 100 億元。

二、SOGO 百貨老大哥面臨 3 大危機

　　創立已 30 多年的 SOGO 百貨老大哥，雖然近二年營收及獲利均佳，但該公司董事長黃晴雯卻誠實的說出該百貨公司面臨的 3 大危機，如下：

（一）電商快速崛起

　　近十年來，台灣電商（網購）行業快速崛起，尤其「富邦 momo」電商公司，在 2022 年的營收額，已突破 1,038 億元，遠遠超過新光三越的 880 億、遠百百貨的 550 億，以及 SOGO 百貨的 480 億；尤其，momo 上市股價已上衝到 800 多元，成為零售百貨業的股王。電商快速成長，自然可能瓜分到百貨公司的市場空間。

（二）主顧客群漸老化

　　SOGO 百貨成立 30 多年，它最忠誠、含金量最高的主顧客群年齡已高達 45～65 歲之間，逐漸老化，可說是最老客群的百貨公司，亟須爭取補上年輕客群；但又須兼顧老年顧客群的喜好才行。

（三）競爭對手加多、加劇

　　近五年來，由於新進入者：微風百貨、三井 Outlet、三井 LaLaport 購物中心、比漾、宏匯等大型百貨公司及購物中心，大量出來，亦想瓜分全台百貨公司的生意大餅，彼此間的競爭加劇。

三、改變心態是關鍵

　　SOGO 百貨也面臨轉型期，黃晴雯董事長表示，SOGO 百貨現在最難的是要「改變心態」（mindset）；要讓所有組織成員改變過去成功的模式、改變傳統思維、改變長久的心態，才是真正革新 SOGO 百貨的關鍵點所在。

四、測試 1：高雄館減收入、增獲利

　　SOGO 百貨在高雄三多館，因為商圈移轉，使營收大幅下滑，故把樓層分租出去給健身房及商辦，只留下地下 2F 到 7F，轉為社區百貨，加重餐飲樓層，面積雖減半，營收卻增 4 成，坪效成長 30%，這是成功轉型例子。

五、測試 2：放下坪效、重客單價及回流率

　　SOGO 百貨忠孝館有 90 坪空間，原為誠品書局，後來改為美容中心，邀請十個頂級美妝品牌進駐，為 VIP 會員提供免費護膚體驗，結果提高了這十個頂級美妝品牌在一樓專櫃的客單價，此為成功轉型例子。

六、承租台北大巨蛋館，有 4 萬坪超級大館

　　SOGO 百貨已承租下台北市大巨蛋館，名為「SOGO City」（SOGO 城市），坪數高達 4.2 萬坪，有 4 個忠孝館大，結合購物、娛樂、餐飲、電影、運動、KTV……等多元化巨型購物中心，將帶來 SOGO 百貨更大的變革及創新。

七、結語：走在消費者更前面

　　總結來說，黃晴雯董事長表示，未來 10 年～ 20 年，SOGO 百貨要繼續保持榮景，必須更加努力做到下列 3 點：

1. 必須動得比消費者需求更快，永遠走在消費者最前面。
2. 一定要改變、一定要轉型、一定要更創新。
3. 要誠實面對挑戰、面對自己弱點、要朝轉型大步邁進、永不再回頭、永不再走回頭路。

問題研討

一、請討論 SOGO 百貨近二年經營績效如何？

二、請討論 SOGO 百貨老大哥所面臨的 3 大危機為何？

三、請討論 SOGO 百貨改革轉型的關鍵是什麼？

四、請討論 SOGO 百貨轉型測試成功的 2 個例子？

五、請討論 SOGO 百貨承租大巨蛋館的狀況為何？

六、請討論黃晴雯董事長總結 3 點，未來 SOGO 在保持榮景的 3 點內容為何？

七、總結來說，從此個案中，您學到了什麼？

個案 5 日本「全家超商」：創新作為及觀察評論

一、公司簡介

日本全家超商（FamilyMart）在 2016 年躍居日本第二大超商，有 1.6 萬家門市店，它是伊藤忠商事株式會社的子公司。2023 年，日本全家超商每日單店平均營收，已到 53 萬日圓（約 12 萬台幣），逐年有成長；但距第一大的 7-11，仍有 10 萬日圓差距，正努力追趕中。

二、創新思維

日本全家超商社長細見研介是一個具有創新行動的社長，他的創新思維可歸納為三點：

1. 時代會不斷變化，因此，企業經營也要不斷應變。
2. 數位技術進展快速，與其巨變，不如小步快跑。
3. 如果把超商看成是只賣東西的店面，那能做的事，就很有限；但，如果把它看成是基礎建設，就可以有想像各種形式合作。

三、創新作為

日本全家超商，近年來，努力投入各種創新作為，分別有：

（一）門市影音化、媒體化

日本全家超商已有 2,000 家店安裝了數位螢幕，稱為「全家超商影音」的新媒體事業，未來希望能帶來一些廣告費播放收入。就像美國最大零售公司 Walmart（沃爾瑪）在門市店推送廣告，也有一些廣告收入。目前，日本全家超商在門市店的播放內容，計有：商品訊息、促銷訊息、音樂節目、單曲節目、最新新聞訊息……等，希望未來能爭取到別人的品牌投放廣告，以增加一些收入。

（二）成立數據分析公司

全家與日本第一大電信 NTT DOCOMO 及日本第一大網路廣告代理商 CyberAgent 公司，合資成立「Data one」數據分析公司。將買商品的客人及在地電信數據結合，進而知道買過某項商品的人「曾在此消費」，而將廣告及優惠券發送給目標客人。

（三）取藥服務

全家與藥局及藥劑師合作，先讓顧客在網路上下單，收到藥品到達門市後，一週內，客人均可以到門市店取藥。

（四）在門市店內販售冬天羽絨衣及夏天 T 恤

四、實體門市店優勢

全家細見研介社長表示，雖然在數位化時代，但傳統上，超商仍是聚集消費者及提供購物的場所，其最主要功能，就是：

1. 提供就近的方便性，顧客很便利在附近就可買到東西。
2. 實地的購物樂趣，尤其現在朝向大店化，整個體驗會更好。

五、無人門市店的發展障礙

目前，在日本超商的無人店仍未普及，主要障礙有幾點：

1. 店內須安裝感應器，但缺半導體。
2. 無人店缺乏有溫度的真人服務，客人滿意度不高。
3. 坪效低，不如有人門市店，這種店營收低，不易賺錢，也就不易開展。

六、結語：作者評論及觀點

本書作者我個人，針對台灣超商現況及日本創新作為，有如下幾點總結評論及觀點：

1. 商品販售及服務手續費收入，仍是未來超商 95％以上，最主要的收入來源。
2. 門市店內裝設的媒體影音畫面，其自我宣傳效果會大於外面開拓的廣告收入，因為，付費的廣告主，不易知道到底每天有多少人會看到店內螢幕上的廣告，也不易知道廣告效果如何，因此，恐不易招攬到足夠量的廣告收入。但是，對自己門市店內的產品宣傳、促銷訊息宣傳則是可以投放。
3. 超商無人店未來仍不會看好，台灣推動已五年多了，但成本／效益對照，卻是不佳的，來客太少、每日業績太少、、台北門市店店租費太高，再加上沒人服務的感受度不佳。無人店恐做不起來。
4. 超商大店化仍是未來趨勢，大店比小店的效益、觀感、體驗會更好。
5. 台灣未來超商持續展店仍有空間，雖然六大都會區超商店數已算密集，但顧客要求更近的超商便利性需求仍在，只要有需求，就會有商機存在。
6. 超商店內的商品組合，仍在不斷的優化中，仍有優化空間。
7. 超商近年來，流行的跨界聯名行銷、聯名推出商品的舉動，必會再推展，

　　因為，效益不錯，會帶動業績的增加。

8. 超商店內人員的服務品質已經不錯，未來仍可維持下去，提升顧客更好的
　　印象及感受。

　　以上八要點，是作者我個人對台灣及日本超商經營的觀察、分析及總結，謹
供各位參考。

問題研討

一、請討論日本全家超商的簡介？

二、請討論日本全家超商社長（總經理）的三點創新思維為何？

三、請討論日本全家近年來的具體創新行動有哪四項？

四、請討論日本超商無人店門市店的發展障礙為何？

五、請討論本書作者對日本及台灣超商發展的八點評論及觀點為何？

六、總結來説，從此個案中，您學到了什麼？

個案 6　娘家：
保健品領導品牌創新成功之秘訣

一、「娘家」品牌由來

　　「娘家」保健品品牌成立已有十年，它是由民視電視台所經營。幾年前，民視八點檔閩南語連續劇推出《娘家》，收視率創下新高；之後，民視就想推出中老年人飲用的各種保健品，並以「娘家」為品牌名稱，沒想到，保健品推出後，一炮而紅，使「娘家」成為近年來市場上保健品的領導品牌之一，也為民視電視台帶來新的收入及獲利來源。

二、營收及獲利

　　據市場人士估計，目前，「娘家」品牌的年營收已達 10 億元之多，毛利率高達 6 成，獲利率至少 2 成以上，亦即，一年可淨賺 2 億元，成為民視電視台一個重要的獲利來源，也使民視電視台開拓多角化事業成功。

三、產品與代工策略

　　其實，民視電視台並沒有自己的工廠，都是委託外面專業工廠代工製造，而冠上「娘家」品牌及包裝。「娘家」品牌目前的銷售主力有四支，分別為：大紅麴、益生菌、滴雞精及魚油，占年營收的 80％以上。民視是找「晨暉公司」做研發＋代工的，具有嚴謹高品質及有效果的代工廠，晨暉主要是代工大紅麴及益生菌，雙方配合良好，已有十年合作歷史。另外，在滴雞精方面，民視則是找「元進莊公司」代工生產的。至於民視的角色，它就是做好產品的策略規劃及品牌的廣告行銷及舖貨上架工作，彼此分工合作，終於有今天不錯成績。

四、定價策略

　　「娘家」保健品採取「高價策略」，比別的保健品牌貴 30％～ 50％之高。例如：大紅麴一盒要價 2,000 元，益生菌一盒 60 包，也要 2,000 元，比別品牌都要貴。民視「娘家」品牌企劃人員以「高價」為訴求及保證效果，因為該品牌產品具有：

　　1. 研發價值，吃的有效果
　　2. 高品質價值，嚴管品質

五、廣宣策略

「娘家」品牌的廣宣策略相當成功，近十年來，已把「娘家」打造成國內保健品的主力領導品牌之一，相當不容易。茲彙整「娘家」品牌近幾年來的廣宣策略，如下：

（一）代言人、證言人策略

「娘家」品牌最初，引用民視知名藝人白家綺及台大生化教授潘子明做代言人及證言人，成功引起注目。

（二）每年投入 1 億元廣告費

接著，「娘家」每年投入 1 億元，在民視無線台及各大新聞台，大量播出「娘家」大紅麴、益生菌、滴雞精及魚油電視廣告，借由大量廣告曝光，大大打響「娘家」的品牌知名度、及促購度。

（三）取得國家認證的信任感

再者，娘家的「大紅麴」送交美國 FDA（食品／藥物管理局）取得核可認證，具有降血脂、降血壓、調節血糖等三高功能，更大大引起對該品牌的信任感。另外，「娘家」品牌也取得國內政府的「國家品質獎」的肯定。

（四）各大媒體報導，充分曝光

此外，「娘家」保健品也廣獲平面報紙、雜誌、網路的新聞報導，更加深「娘家」的高曝光度及打造更堅實品牌力。

（五）其他廣宣策略

此外，還包括：公車廣告、連鎖藥局張貼宣傳海報等，也都更紮實「娘家」的全國性品牌知名度。

六、通路上架策略

「娘家」品牌憑借每年投入 1 億元的大量廣告費，終能很順利的進入各種實體及電商通路上架，方便消費者購買。包括：

1. 大型連鎖藥局：大樹、杏一、躍獅、丁丁、維康、康宜庭……等。
2. 大型藥妝店：屈臣氏、康是美、寶雅。
3. 大型超市：全聯。
4. 大型量販店：家樂福、大潤發、愛買。
5. 大型電商平台：momo、蝦皮、PCHome、雅虎、東森購物、台灣樂天等。
6. 自建線上商城。

七、結語

　　「娘家」品牌十年來，已成功打造出強大品牌力，並成為保健品的領導品牌之一，每年創造 10 億營收額及 2 億獲利額，已成為國內具有高知名度及高信賴的保健品品牌。

問題研討

一、請討論娘家品牌由來？以及目前每年營收額及獲利額是多少？
二、請討論娘家的產品及代工策略為何？
三、請討論娘家的定價策略如何？
四、請討論娘家的通路上架策略如何？
五、總結來說，從此個案中，您學到了什麼？

個案 7　全台第一大電商 momo：中期五年（2023 ～ 2027 年）營運發展策略、布局規劃與願景目標

一、momo：2022 年營收正式突破 1,000 億元大關，進入千億元零售俱樂部及全台第 4 大零售公司

富邦 momo 電商（網購）公司在 2022 年度的年營收額，正式突破 1,000 億元，來到 1,038 億元；年獲利也達到 40 億元，EPS（每股盈餘）達 15 元。（註：momo 為富邦媒體科技公司）momo 年營收高達 1,038 億元，已超越新光三越百貨的 880 億、SOGO 百貨的 480 億、遠東百貨的 550 億、以及家樂福的 810 億；僅次於統一超商的 1,700 億、全聯超市的 1,700 億、台灣 Costco（好市多）的 1,200 億，晉升為全台第四大零售業公司，成就非凡。目前，為上市公司股價最高的零售公司。

二、對未來業績成長看法

對 momo 公司的未來業績是否繼續成長的看法，momo 總經理谷元宏表示：
1. 相對於美國亞馬遜電商及中國電商市場，他們的滲透率都超過一半以上，相對於台灣的 30% 左右，台灣仍有未來成長空間。但，由於 momo 年營收已達 1,000 億，未來成長空間，恐不會有 20%～ 30% 的高成長率，而是在 5%～ 15% 的一般性成長率。
2. 至於近年疫情解封之後，消費者出國旅遊多、餐飲聚餐多、實體大型賣場增多、全球升息及全球通膨等因素下，可能多少也會瓜分到台灣電商市場產值。

三、加速擴大 momo 幣生態圈，深耕會員

谷元宏總經理表示，未來幾年將加速擴大 mo 幣生態圈，以深耕會員黏著度。momo 幣在 2023 年發行量可達 100 億元，momo 聯名卡也有 100 萬卡，未來在第一圈「mo 幣」將擴及台灣大哥大電信，富邦金控關企及凱擘有線電視等會員資源，及享受各關企帳單折抵優惠。「mo 幣」第二圈則會擴張到供應廠商及合作大品牌廠商等資源。谷元宏總經理表示，「mo 幣」生態圈目標，就是要模仿日本最成功的「樂天集團點數生態圈」；日本樂天紅利點數，可以適用在樂天的電商、電信、職棒、信用卡、銀行、旅遊等線上＋線下的服務，目前，樂天全

球會員數已超過 14 億人及 30 個國家，形成一個成功的點數經濟生態圈。

四、持續擴增物流倉儲據點建設，鞏固全台 24 小時快速宅配能力

目前，momo 公司全台已達 50 座物流倉儲中心，到 2025 年，將擴增到 61 座之多，包括：20 座主倉、40 座衛星倉及 1 座大型物流中心。屆時，將足供年營收到達 1,500 億元的成長空間之用。

五、強化物流 AI（人工智能）運算能力，提升物流操作效率

谷元宏總經理表示，除了擴增建設全台 61 座大、中、小型物流倉儲據點之外；更要加強全球正在流行的 AI 機制，亦即，要導入 AI 物流運算能力，優化倉儲精準管理、強化運輸管理、提高到貨效率、正確配置商品到倉儲，以及準確到宅時間等功能的加強。

六、搶進直播市場，增加直播收入

momo 自 2023 年起，已開始搶進直播市場，利用直播去展演各項產品的特色、功能及好處，應該可以增加一部分對直播有興趣的會員來觀看及下單。直播人員將以 momo 原有電視購物的主持人，再加上外部的網紅合作來直播帶貨。目前，momo 有 300 萬個品項，很多產品是消費者不了解的，透過直播方式，可以促進消費者的了解，有效增加下單的可能性。

七、持續「物美價廉」政策，滿足廣大庶民消費者對低價的需求

momo 電商成立 20 多年來，最初，即以「物美價廉」為基本營運政策，以提供「穩定品質」＋「低價／平價」的商品給廣大上千萬人口的庶民大眾的定位；果然，此基本政策，已成為過去 momo 能夠快速業績成長的一個重要原因。未來，momo 仍將堅持此項初心，提供「物美價廉」的商品給廣大庶民消費者，以滿足他／她們的真實需求。

八、持續擴增品牌數及品項數，讓消費者想買什麼商品，都能立刻買到

谷元宏總經理表示，momo 現有品牌數已達到 2.5 萬個品牌，而品項數更高達 300 萬個以上，未來幾年，仍將持續擴增各種大、中、小型品牌數及其品項數，讓消費者想買什麼商品，都能立刻買得到。例如：一些歐美名牌精品、彩妝保養品、國內書籍，都已陸續引進上架，目前只在超市的生鮮產品尚未大幅運作，但這是納入未來目標的。

九、持續促銷檔期活動，有效提升業績成長

momo 非常重視每次重要促銷檔期活動，以真正折扣優惠，回饋給會員。

例如：雙 11 節、雙 12 節、年終慶、媽媽節、春節、爸爸節、情人節、中秋節、聖誕節，以及每天的限時／限量低價優惠活動，都能成功拉升業績。

十、保持九成高回購率，深耕會員貢獻度

谷元宏透露表示，目前 momo 每年營收額中，有高達九成業績來源，是由現有 1,100 萬人會員所貢獻。因此，momo 未來仍將持續鞏固、強化既有 1,100 萬人會員對 momo 的高回購率、高信任度、高滿意度及高優良形象度。

十一、持續優化資訊 IT 介面，更提升快速瀏覽、下單、結帳滿意度

momo 另一個受會員肯定的成功要素，就是它在資訊 IT 介面及流程設計上的便利性與快速性，使會員們能很快速瀏覽、下單、結帳，使得對 IT 資訊介面的高度滿意。

十二、拉大與第 2 名競爭對手差距，遙遙領先

幾年前，台灣第一名電商公司原是 PCHome（網家）公司；但近五、六年下來，PCHome 的營收額已被 momo 超越，PCHome 在 2022 年度營收額為 430 億，與 momo 的 1,038 億，遠遠落後，PCHome 未來要再追上，已是不可能的事了。

十三、不斷提高優良人才團隊與組織能力，保持人才領先

谷元宏總經理表示，momo 成功很大因素，就是他們擁有一支很好、很強大的人才團隊及其 20 年來累積下來在電商產業的強大組織能力，這包括：商品開發、資訊 IT、營業、物流倉儲、行銷、售後服務、等多個部門的人才團隊及其組織能力，這是任何競爭對手很難超越的。

十四、2027 年營收願景目標：達成 1,500 億元營收業績

momo 在 2022 年正式突破 1,000 億之營收大關，邁入國內第 4 大零售業公司；面對未來五年後，到 2027 年營收目標願景，更訂定 1,500 億挑戰目標願景，朝國內第 3 大零售業公司努力邁進。

十五、結語：統一企業集團羅智先稱讚全聯及 momo 都是了不起成功公司

國內最大的食品／飲料／流通集團統一企業董事長羅智先，近來稱讚全聯超市及 momo 電商，都是懂得消費者需求及能夠創新經營的了不起成功公司，這也是肯定了這兩家公司的卓越經營表現。統一企業集團在 2022 年度的集團合併

總營收高達 5,000 億元，是國內在傳統民生產品的第一大製造業公司，也是轉投資統一超商及家樂福量販店成功的優良企業集團。

問題研討

一、請討論富邦 momo 在 2022 年度創下史上新高的年營收額多少？

二、請討論谷元宏總經理對 momo 未來業績成長的看法為何？

三、請討論 momo 幣生態圈發展的內容為何？主要效法日本哪一家企業？

四、請討論 momo 未來持續擴增物流倉儲的狀況如何？以及為何加強 AI 運用？

五、請討論 momo 如何及為何搶進直播市場？

六、請討論 momo「物美價廉」的政策為何？

七、請討論 momo 現在品牌數及總品項數為多少？

八、請討論 momo 促銷檔期主要有哪些？

九、請討論目前 momo 現有會員數對每年業績貢獻占比為多少？為何如此高？

十、請討論 momo 在資訊 IT 介面及流程設計得如何？

十一、請討論台灣電商第二名是誰？距離第一名 momo 多遠？

十二、請討論 momo 的成功因素之一，就是擁有好的人才團隊，有哪些重要部門？

十三、請討論 momo 在 2027 年的營收願景目標為何？

十四、請討論統一企業集團董事長羅智先如何稱讚 momo 及全聯公司？

十五、總結來說，從此個案中，您學到了什麼？

個案 8　王品：
第一大餐飲集團的經營創新成功之道

一、公司簡介

王品成立已 30 多年，它目前在台灣有 307 家直營店及 25 個品牌餐廳，另在中國有 106 家直營店及 10 個品牌餐廳。王品在台灣市場已累計服務過 2,300 萬人次的用餐客人。王品集團 2022 年合併營收額達 180 億元，獲利額為 8.5 億元，獲利率 5%，股價達 270 元；是國內店數、營收額及股價第一高的餐飲集團。王品集團員工人數高達 1.5 萬人。

二、多品牌策略成功

王品餐飲集團過去最成功的經營策略，就是採取眾所週知的「多品牌策略」，才會有今天的連鎖化規模。王品採取多品牌策略，到目前為止，全台計有 25 個品牌，如下：

1. 鍋物類：石二鍋、聚、青花驕、和牛涮、嚮辣、尬鍋等 6 個小火鍋品牌。
2. 燒肉類：肉次方、最肉、原燒等 3 個燒肉品牌。
3. 歐美類：王品牛排、西堤品牌。
4. 日韓類：藝奇、陶板屋、品田牧場等 3 個品牌。
5. 中台類：莆田、享鴨、來滋烤鴨等品牌。
6. 鐵板燒類：Hot7、夏慕尼、就饗、阪前等 4 個品牌。

三、台灣餐飲業未來成長仍看好原因

台灣在 2022 年時，全台餐飲業產值規模已高達 8,000 億元之多，成為內需型重要的行業之一。對未來全台餐飲仍看好原因如下：

1. 自疫情之後，2022 年～2023 年餐飲業有了大幅成長業績，大家都很看好，各餐廳幾乎都常常客滿。
2. 全台餐飲產值突破 8,000 億元，每年都 10% 以上的成長率。
3. 消費者的外食需求愈來愈高，同事、朋友、家人等聚餐需求有顯著成長。
4. 百貨公司、購物中心、大賣場等也大幅擴展餐廳與美食街的空間，因為「餐飲業績」已成為百貨公司第一名的業種。
5. 各餐飲業者也很努力及創新的提供各式各樣、多元化、多樣化、各種口味、國內／國外口味，愈來愈進步，顧客的滿意度也很高。

6. 享受各類美食，也是人性的很大需求及期待，因此餐飲生意必會愈來愈大。

四、王品集團未來的成長九大策略

王品集團未來仍將追求持續的成長策略，主要有以下幾點：

（一）持續創新及開拓更多

品牌的經營。預計每年都會新增 1～2 個餐飲新品牌。過 2018～2022 年 4 年間，王品就開拓了 11 個新的餐飲品牌。

（二）持續展店

目前，台灣地區計有 307 店，預計到 2030 年，將努力達到 400 店之多，更加形成連鎖規模化之優勢。

（三）優化既有品牌

針對現有台灣 25 個品牌店，將關掉業績不好的店，而找到更好的店址，並增加平均單店的業績額。

（四）同類品牌店，延伸到高、中、低價位策略

對於已成功的品牌店，將採高、中、低價位的分眾市場經營，以擴大更高的營收及滿足不同客群的需求。

（五）用心經營會員

目前，王品會員已突破 250 萬人，未來將好好深耕及鞏固這 250 萬人主顧客群，提高他／她們的回店率，創造好業績。

（六）朝向零售商品發展

除餐廳經營外，也會朝向零售商品上架到各種賣場去銷售，開展新的經營模式。

（七）顧好食安要求

餐飲經營最重要及最基本的就是要：顧好食安、食品安全、餐飲安全問題，絕對不能出差錯。

（八）善盡企業社會責任

王品是上市櫃公司，亦必須符合政府對 CSR 及 ESG 的要求作法，以對社會責任、環保目標、公司治理、弱勢救助、員工福利、小股東利益等全方位做好照顧。

（九）長期策略：走向海外市場

　　未來的 5 年～ 10 年，除中國市場外，也將評估走向美國、東南亞、日本等海外市場拓展，以尋求台灣市場終有飽和一天的到來之應對之策。

五、2018 ～ 2023 年主力品牌業務種類

　　王品集團在 2018 ～ 2023 年，這五年間，全力拓展幾種廣受市場歡迎的新品牌餐飲：火鍋品牌、燒肉品牌、鐵板燒品牌。這三種餐飲類別，深受年輕人的高度喜愛，市場看好，業績也快速成長；王品也極力在這三種餐飲門市店加速展店，占有市場，拓大王品在台灣的第一大餐飲版圖事業。

六、以顧客滿意／滿足為根本核心理念

　　王品集團的根本核心理念，就是堅持顧客導向，以「顧客滿意」＋「顧客滿足」為該公司的最根本核心理念。該公司認為企業經營的根基，就在於「顧客」兩個字，在餐飲事業上，必須讓他們所提供的各類型、各口味、各種價格都能滿足顧客的需求與喜愛，並得到高度滿意感及滿足感，這樣才是成功的王品。

七、發展零售商品

　　除了各式餐飲門市店外，王品近幾年來，也積極發展出冷凍食品及常溫食品，目前已有 30 多種零售商品，擺放到量販店、超商、電商平台通路上去銷售，做為未來第二條成長曲線。

八、推出「王品瘋美食 App」

　　王品在多年前，已成功推出「王品瘋美食 App」，即在手機 App 上，可以線上訂位、線上付款、線上累積點數，以及各種優惠等，目前下載人數已經超過250 萬人之多；此 App 也顯示王品走向數位轉型方向走。

九、每年編製「王品集團永續報告書」

　　王品已是餐飲類的最大上市公司，每年都會依照法規，編製「王品集團永續報告書」。此報告書，都會歸納王品每年在：經濟、環境、社會、食安、消費者溝通等五大面向的努力作為。並尋求達成下列五大目標：

1. 優良公司治理
2. 建立友善環境
3. 確保 100％食品安全
4. 打造員工幸福職路
5. 落實社會責任

十、經營理念

王品堅持 3 大經營理念，包括：

（一）視顧客為恩人

以熱忱的心，款待所有顧客，王品因顧客而生存。

（二）視同仁是家人

以關懷的心，了解同仁；因為有快樂的同仁，才會有滿意的顧客。

（三）視供應廠商為貴人

以尊重的心，面對供應廠商，創造互榮互利的雙贏局面。

十一、多品牌策略操作秉持 3 原則

王品餐飲集團陳正輝董事長表示，王品多品牌策略操作秉持 3 原則：

1. 對既有品牌店：要努力延緩老化，保持好業績。
2. 對新出來品牌店：要努力持續優化，讓他們走上好業績。
3. 對未來潛在品牌店：要努力加速開發出來，讓王品永遠保持年輕化品牌的存在。

十二、快收店，絕不手軟

陳正輝董事長表示，八年來，王品在他手上，已收掉、砍掉 5 個品牌及 100 多家店，他認為，只要是：做不好的、不賺錢的、無法再改善的、沒有未來性的店，都要快速的關掉店，不要讓虧損擴大，也不要有面子問題。當然，只要是有希望的店，就可以加速調整店體質，加以拯救改善。

十三、快稽核，每個品牌獲利率要達到 10% 以上 KPI 指標

陳正輝董事長的管理 25 個餐飲品牌及台灣 310 家店的根本 KPI 指標，就是：每個品牌每月各店合計的獲利率要達到 10% 以上的門檻才行。王品的會計單位，都有專人專責對 310 店做每月損益表分析，其中一個指標，就要每月每個品牌獲利率要在 10% 以上；如果連續 6 個月未達此指標，那就要進行稽核、檢討、及改善，在王品公司內部稱為：

1. **新品牌**

   進行 NBR（New Brand Regeneration），即「新品牌檢視」，針對新品牌的問題點，做調整、再造、再改革、再創新。

2. **老品牌**

   進行 OBR（Old Brand Regeneration），即「老品牌檢視」，針對老品牌問題點，做調整、改革、創新，期使獲利率回到 10% 以上。

十四、廢掉獅王制度，改由公司內部組織分工團隊推出每一個新餐飲品牌

陳正輝董事長自 8 年前接任董事長後，即廢掉過去由獅王一人獨自開發新餐飲品牌的制度，因此制度憑個人直覺，易出問題；而改為公司組織團隊來負責，陳正輝董事長稱此為「組織團隊創業」，而非「獅王一人創業」，新作法是：

（一）市場部

負責前期市調，重視市調及數據，並找出餐飲市場的趨勢、機會及缺口。然後設計好此新品牌店的商模（商業模式）。

（二）九人經決會

然後交到公司最高決策層級的「九人經營決策會議」，加以討論及審核、決定。

（三）派交營運主管

最後，由公司營運部在開店完成後，派交營運主管負責此新品牌的一切營運工作。

十五、快分紅獎金

王品集團在 2020 年推出以店為單位的分潤機制。每店可由店長、主廚、總部的人資／財務／資訊／市場／企劃等部門主管共同出資，每季可從分店利潤結算中，提撥出一定比例，做為分紅獎金。至於未出資的一般門市店第一線店員，則發給每月業績獎金分享。

十六、成立萬鮮子公司，形成中央廚房供應鏈

王品集團把過去「前店後廠」模式改變，將原來的採購部、食安部、裁切工廠，轉型為中央廚房工廠，從採購、加工、檢驗、銷售一條龍服務的子公司「萬鮮」。此作法，可有以下效益：
1. 降低人力成本
2. 集中品管
3. 提升生產效能
4. 發揮供應鏈綜效
5. 打造競爭門檻

十七、注重「敏捷度」

陳正輝董事長高度重視總部的「敏捷度」。亦即，面對外部大環境變化及餐

飲市場的變化，要加快、加速應變能力與調節速度，才能面對一切挑戰，保持營收及獲利的持續成長目標。

十八、領導風格 4 個字：新、速、實、簡

陳正輝董事長的領導風格 4 字訣：

1. 新：要創新、革新、新鮮、新穎
2. 速：要快速、要敏捷、要彈性、要機動
3. 實：要實事求是
4. 簡：要簡單、要簡化、不要複雜

問題研討

一、請討論王品公司簡介？

二、請討論王品成功的多品牌策略內容為何？

三、請討論台灣餐飲業未來成長看好的原因為何？

四、請討論王品未來的九大成長策略為何？

五、請討論王品在 2018 ～ 2023 年業務成長的主力種類為何？

六、請討論王品以顧客滿意／滿足為根本核心理念為何？

七、請討論王品發展零售商品的狀況如何？

八、請討論王品推出「瘋美食 App」的狀況如何？

九、請討論王品每年編製「永續報告書」的狀況如何？

十、請討論王品的 3 大經營理念為何？

十一、請討論王品的多品牌策略操作 3 原則為何？

十二、請討論王品的快收店絕不手軟之意涵？

十三、請討論王品的快稽核獲利率 10% 以上之意涵？

十四、請討論王品推出新餐飲品牌的組織流程及分工為何？

十五、請討論王品的快分紅獎金之意涵？

十六、請討論王品成立萬鮮中央廚房工廠的效益為何？

十七、請討論王品董事長的領導風格 4 字訣為何？敏捷度意涵？

十八、總結來說，從此個案中，您學到了什麼？

個案 9　統一超商集團：
持續成長、成功的經營創新秘訣

一、最新經營結果

2022 年度，統一超商集團最新的經營績效成果，如下：

1. 合併營收額：高達 2,900 億元
2. 合併營業淨利：123 億元
3. 合併稅後淨利：110 億元
4. 合併 EPS：8.9 元
5. 股價：270 元
6. 本業營收額：1,800 億（統一超商本業營收，非合併營收）
7. 本業淨利率：3.5%
8. 本業稅前獲利率：5.5%
9. 本業獲利額：63 億元

在最新的 2023 年第一季，統一超商集團合併營收額達 755 億元，年成長率為 11%；第一季合併獲利額達 28 億元，年成長率高達 30%，獲利大幅成長。而在總店數方面：統一超商本業：6,700 店；統一超商國內外及轉投資合併總店數：1.18 萬店。

二、經營績效成果優良的原因

而統一超商集團，在 2022 年度及 2023 年第一季，均繳出很好的、成長的營收額及獲利額的主因有：

1. 台灣及全球疫情解封，經濟活動回復正常
2. 鮮食業績成長 2 成，得利於與五星級大飯店聯名成功
3. City 系列飲品及咖啡成長 1 成
4. 持續擴張展店數，每年成長 200 店～ 300 店
5. 轉投資子公司，如：星巴克、康是美、黑貓宅急便、菲律賓 7-11 等，均持續創造出好營收及好業績

三、open point 會員點數生態圈發展狀況

統一超商集團的 open point 會員紅利點數，近期來發展的狀況，如下：

1. 已有 1,600 萬人會員數

2. 這些會員數占整體總營收的貢獻額度占比為 6 成

3. 會員的消費額，每年都成長 20%

4. 點數流通規模成長 6 倍

5. 點數已可跨集團旗下的 20 種通路可使用

6. 點數可折抵地方，日益擴大，包括代收規費也可抵用

四、未來持續努力及成長方向

統一超商集團在未來 2023 ～ 2025 年的持續努力及成長方向，包括：

1. 持續強化全方位的經營實力與競爭力

2. 持續投入更多資源在：商場開發（例：高速公路休息站商場標租）、大型物流中心建設、企業間的資源整合。

3. 持續開發創新服務與差異化商品

4. 深耕 open point 會員紅利點數生態圈，以鞏固會員忠誠度及提升回購率

5. 持續整合線下＋線上購物的便利性及體驗性

6. 積極打造消費者期待的生活服務平台

7. 持續展店、擴店，從目前的 6,700 店（7-11），邁向 7,000 店目標前進，甚至未來 8,000 店的挑戰目標

8. 持續開發話題夯品（例：五星級大飯店聯名鮮食、珍珠奶茶、思樂冰、霜淇淋等）

9. 推出平價專區，以超值優惠，滿足廣大庶民大眾生活需求

10. 轉投資事業持續成長（星巴克、康是美、菲律賓 7-11、黑貓宅急便……等）

11. 持續落實 ESG 永續經營、節能減碳、綠色經營等全球議題

12. 持續加強行銷與廣告的操作，以發揮更大助攻效果

問題研討

一、請討論統一超商集團在 2022 年度及 2023 年第一季的優良經營績效如何？

二、請討論統一超商創造優良經營績效的原因有哪些？

三、請討論統一超商 open point 會員點數生態圈的發展狀況如何？

四、請討論統一超商未來持續努力及成長的 12 點方向為何？

五、總結來說，從此個案中，您學到了什麼？

個案 10 台灣好市多（Costco）：經營創新成功秘訣

一、業績連年成長秘訣的根基唯一因素：人

台灣好市多（Costco）總裁張嗣漢表示，該公司連續十多年來，業績都能快速成長的因素很多，包括：美式賣場特色、進口產品多、價格便宜、品質好、會員制、一站購足、產品挑選得好、試吃多……等，均是成功因素；但是，若能歸納為背後一個總因素，那就是「人」（人才）。

張總裁表示，人會驅動商品的流通，才能把業績創造出來。人會思考、人會產生策略、好的人才會把策略執行的好。張總裁更表示，好市多在 1997 年進入台灣，已有 26 年，當時第一年營收只有 10 億元，但到 2023 年，全台已有 14 家大店，年營收額衝到 1,500 億元，是第一年的 150 倍之多；這一切都脫離不開「人」的因素、「好人才」的因素。

二、擺上對的商品、精挑細選的商品

張嗣漢總裁認為：擺上對的商品，就是對會員最好的服務，也是讓會員享受到非會員無法得到的好康。台灣好市多（Costco），全店內只有 3,500 個品項，只有家樂福量販店的十分之一，但卻能做出 1,500 億的年營收，此亦顯示出，每個商品要扛好票房的責任。在台灣好市多，每個貨架上的商品都必須是精挑細選的、都是精打細算的、也都能符合顧客們的需要、看到每個商品都好想買下來的感覺。

三、有了對的採購經理，才能決定熱賣商品上架

張嗣漢總裁表示，台灣好市多計有 80 ～ 100 人的採購團隊，每個人負責的品項只有別家的 1/10，所以，都能大大提高對該等產品的專業度，每個採購人員都很懂商品，也都做好功課，才跟供應商談，有些供應商都表示，台灣好市多（Costco）採購人員對產品專業度、對產品成本與報價的熟練度，都不輸供應商人員，所以，供應商們也不敢亂抬高報價。張嗣漢總裁表示，台灣好市多（Costco）會給這些優秀採購人才好的待遇、薪水、獎金；以及明確的升遷制度，所以，多年來都能留住這些採購好人才，他們是挖不走的。

四、採購人才的 3 種身分

張嗣漢總裁提出，台灣好市多（Costco）的採購人才，必有 3 種身分及條件：

1. 有品味的選貨人
2. 能精打細算的人
3. 能了解消費者需求的解決方案供應者

而這群採購團隊，對台灣好市多 300 萬會員的 3 種貢獻價值，就是：超便宜的價格、買到超棒的東西、購買旅程愉悅及滿足。張嗣漢總裁認為，其實，公司每個職位跟職務都很重要，如果每個員工都能更用心，把自己工作做好、做滿、做到位，那公司業績一定會更好、更成長的。

五、全球採購系統成為大幫手

美國好市多（Costco）總公司有一個「全球採購系統」，任何國家的採購人員均可以上去搜尋各個國家有什麼暢銷商品，然後參考引進來。例如說，台灣好市多（Costco）就搜尋到韓國賣的泡菜是全球最優品質及價格最低的，因此，台灣好市多（Costco）就停止日本進口泡菜，改向韓國進口泡菜來賣。

此外，台灣好市多（Costco）還可買到西班牙火腿、澳洲保健品及肥皂，美國好市多（Costco）也向台灣廠商買好吃的蛋捲、月餅、乾麵……等。所以，好市多（Costco）的全球採購系統，也成為好市多（Costco）產品組合強大的一個大幫手。

六、台灣人喜歡進口產品

張嗣漢總裁表示，目前台灣好市多，有 1/2 產品都是進口產品的，此顯示出台灣人是很喜歡來自各國優質進口產品的；而這一項，也成為台灣好市多的競爭差異化優勢，因為，在台灣好市多能買到的，可能在全聯超市、家樂福大賣場、大潤發大賣場是買不到的。

七、自創品牌：Kirkland（科克蘭）

美國好市多總公司在 1995 年時，創造了「科克蘭」（Kirkland）自有品牌，包括有：熱賣的衛生紙、堅果……等；此產品的每年全球營收額高達 720 億美元（約 2.2 兆台幣），占全球好市多 1/4（約 25%）的全年業績，一個自有品牌全球營業額，就比台積電、NIKE 的全年營收額還多。好市多（Costco）的科克蘭自有品牌被賦予 2 大原則：

1. 品質不能輸別人

2. 價格要比同類產品低 2 成（即打八折）

如今科克蘭自有品牌已經成為全球好市多一個獨特性及差異化的競爭特色。

八、毛利率堅持 11%

張嗣漢總裁表示，美國好市多總公司嚴格規定，各國好市多的產品毛利率，絕不能超過 11%；這比台灣量販店業界平均 15%～ 20%，以及台灣全體零售業的 20%～ 40%，都要低很多。由於毛利率很低，所以，代表價格（零售價）也會被拉低，也就是可以「便宜賣」，價格是庶民的、親民的、低價的。張總裁認為他們的邏輯是：愈便宜 賣愈多 賺愈多。因此，台灣好市多（Costco）雖然產品品項不多，但每樣產品都能賺錢。

九、電商占比約只占 6%

台灣好市多推出電商網購已有多年，但電商業績占全年營收額約為 6%，即每年業績額約有 90 億元（1,500 億元 ×6%＝ 90 億元）。電商占比雖不算高，但這有兩個功能達成：

1. 可以開展新的銷售渠道（通路）
2. 可以增加非會員的新顧客群

十、會員制：300 萬名會員，每年會員費淨賺 40 億元

張嗣漢總裁表示，台灣好市多及全球好市多，並不想做每個人生意，他們的會員輪廓，普遍是較國際化、喜歡美式賣場、喜歡進口商品、有一定年收入、較高教育水準等。所以，他認為他們的高年費，可以篩選出一定素質、一定能力的好客群。目前，台灣好市多全台 14 家大店的會員總人數高達 300 萬人，每年每人繳交 1,350 元會員費，合計，每年會員費可以淨賺（淨收入）40 億元之多，相當可觀。而且，全球各國好市多的會員費收入，占了美國總公司淨獲利來源的90% 之高；其餘 10% 獲利來源，才是賣商品賺來的；此亦顯示出，全球好市多的獲利額最重要、占九成支撐的是：會員費收入。

十一、剛開業時，先虧五年

張嗣漢總裁表示，26 年前，台灣好市多在高雄開出第一家店時，前面五年，全公司都在虧錢，直到第六年，店慢慢多起來，台灣消費者也慢慢接受這種美式大賣場，以及知名度及大眾口碑上升起來之後，營收額才大幅成長及開始賺錢。張總裁表示，「堅持」很重要，當時堅持了五年，沒有撤掉，才有 26 年後今天大幅成長、成功的台灣好市多（Costco）。

十二、未來展店

張嗣漢總裁認為，台灣好市多未來仍有展店空間，尤其，在大台中、大新竹及新北市新店區等，都還有可以展店的成長空間，未來將努力去找到好的位址空間。

十三、勝出 4 大關鍵點

綜上所述，我們可以歸納出台灣好市多，最重要勝出關鍵 4 項要點：

（一）優質採購人才團隊

台灣好市多擁有專業的、專精的、優良的、資深的 80 人～ 100 人的最佳採購團隊，這些採購團隊為台灣好市多的大賣場，成功開發出最好的、最被需求的、最想購買的 3,500 個品項。這是勝出關鍵之一。

（二）產品力強大

台灣好市多的優質產品組合，不僅品質優良、價格便宜、又是進口商品，具獨特性及差異化，強打高 CP 值；這是勝出關鍵之二。

（三）會員價值第一

台灣好市多不做每個人生意，它只服務這 300 萬人高價值的會員顧客，每年續卡率高達 92%，它始終堅持會員第一，並不斷為會員創造更多、更大、更有用的高附加價值出來。這是勝出關鍵之三。

（四）價格便宜，深受肯定

台灣好市多堅持產品毛利率只賺 10%，遠比別人毛利率 20%～ 40%之高，故台灣好市多的最後獲利率也很低，大約只有 2%～ 3%而已；因此，台灣好市多的產品售價就可以拉低下來，用庶民、親民、低價的價格提供給會員顧客，而使 300 萬廣大會員顧客深感高 CP 值感，並在心中給予肯定。這是它的勝出關鍵之四。

問題研討

一、請討論台灣好市多連年業績成長的唯一根基因素為何？

二、請討論台灣好市多的採購人才團隊有多少人？採購人員應具備哪三種身份？採購人員做出那三種貢獻？如何留住這些優良採購團隊？

三、請討論好市多的全球採購系統有何功能？舉例說說。

四、請討論台灣人喜不喜歡進口商品？為什麼？

五、請討論 Costco（好市多）成功的科克蘭（Kirkland）自有品牌的概況如何？有哪 2 大原則？

六、請討論全球好市多堅持多少毛利率？為何要如此？為什麼？

七、請討論台灣好市多的電商占全年營收多少比例？電商有何功能？

八、請討論台灣好市多的會員經營狀況如何？有多少會員人數？每年續卡率如何？每年會費淨收入多少？會員費收入占全年總獲利多少比例？

九、請討論台灣好市多剛開業的前幾年是賺錢或虧錢？為何虧錢？能否堅持下去？

十、請討論台灣 Costco（好市多）未來展店方向如何？

十一、請討論台灣好市多最後歸納出勝出關鍵 4 要點為何？

十二、總結來說，從此個案中，您學到什麼？

個案 11 欣臨企業：
代理國外品牌第 1 名的經營創新成功之道

一、公司簡介

欣臨企業是國內知名且大型的國外品牌代理公司，目前代理品牌達 60 種之多；包括：阿華田、康寧茶、利口樂、沙威隆、小熊軟糖、味好美……等，年營收高達 150 億元。

二、賺取價值差異，而非價格差異

欣臨公司總經理陳德仁表示，他每天都在想：「公司的價值是什麼？我們帶給消費者的價值是什麼？如何做出更高的附加價值給顧客？我們所做的是價值經營學。」

三、代理合作兩大原則

陳德仁總經理認為，與國外品牌廠商合作，最重要的兩大原則，在過去 20多年來，欣臨公司即是憑藉此兩大原則，獲得國外品牌廠商的長期良好合作夥伴關係：

1. 誠信
2. 可靠

四、拓展國內市場的 3 大策略

代理數十個國外品牌到台灣國內，要如何去開展市場？欣臨企業有 3 大策略：

（一）採取多品牌策略

陳德仁總經理表示，該公司採取的是「多品牌策略」，迄今已有 60 多種代理品牌；他指出當代理品牌愈多時，愈能產生綜效（Synergy）好處，包括物流成本、業務洽談、行銷綜效等，而帶來利潤增加。

（二）採取全通路策略

陳德仁總經理指出，不能只有單一通路在賣商品，必須做到全通路上架，把產品賣到不同通路去，才能使顧客方便買得到。包括：超商、超市、量販店、學校、機場、電商平台、藥局……等線上＋線下的全通路拓展才行。

（三）跟國外品牌廠商做更深結合

此外，欣臨企業也與國外品牌廠商做更深的結合，包括：買下國外原廠、跟國外品牌合資、商標合作

五、有被需求，就有做不完生意

陳德仁總經理表示：「經營生意，就是要別人有需求你，你也能為別人創造價值，能做到這樣，就有做不完的生意。」所以，企業經營，一定要創造出需求、創造出價值才行。

六、幫國外品牌廠商做大業績

做為一個國外品牌在台灣的代理商，主要任務有三：

1. 儘可能做大業績
2. 要為國外品牌知名度資產價值打響
3. 要為國外品牌擴大市場通路布局

七、代理品牌 3 個標準

欣臨公司陳德仁總經理，為代理國外品牌訂下三個標準。只要能符合這三個標準，欣臨就會努力爭取台灣地區的獨家代理權，並全力為品牌做好業績銷售：

1. 是否為好品牌
2. 有沒有特色
3. 有沒有被需要

八、員工持股

陳德仁總經理表示，欣臨集團有 19 家旗下子公司，年營業額突破 1 億的，計有 10 家之多。而各家子公司的員工持股比例，約在 20%～ 40%，此舉使得員工都會更加努力打拼，以替自己賺更多股息獲利。

問題研討

一、請討論欣臨企業的公司簡介為何？

二、請討論欣臨公司的價值經營觀念為何？

三、請討論欣臨與國外代理商合作的兩大原則為何？

四、請討論欣臨拓展國內市場的 3 大策略為何？

五、請討論國外品牌原廠，希望欣臨代理商為他們做好哪三大任務？

六、請討論欣臨陳總經理的一段話「有被需求，就有做不完生意」的意涵為何？

七、請討論欣臨代理國外品牌的 3 個標準？

八、請討論欣臨公司員工持股狀況如何？

九、總結來說，從此個案中，您學到什麼？

欣臨企業：代理國外品牌第 1 名的經營創新成功之道

個案 12 假期國際（vacanza）：
平價飾品市占率第一的經營秘訣

一、公司簡介

假期國際成立於 2012 年，目前年營收已達 5 億元，其品項包括：耳環、項鍊、手環、戒指、髮飾、香氛等配件／飾品。目前，門市店有 28 間；其品牌「vacanza」，係為意大利文，指「假期」之意。

二、價格策略（平價）

假期（vacanza）的產品定價，係採取平價策略，平均一件產品不到 500 元，其消費主力是 25 ～ 35 歲的年輕小資女上班族。其平價飾品廣受女性年輕上班族的歡迎與喜愛。

三、店面經營兩大策略

假期國際公司的直營店面，採取兩大策略，徐亦知創辦人表示兩大策略：

（一）打造複合店

由於飾品並非必需品，因此，剛成立時，假期國際公司是採取與知名麵包店、酒吧 A Train Bar 等業者，打造複合店、異業合作模式，借以吸引消費群能買複合店中的飾品。

（二）門市店不斷迭代、推陳出新

徐亦知創辦人指出，做飾品門市店，就是一定要將門市店的內部陳列及裝潢，保持不斷推陳及推出迭代的新門市店，以保持消費者對我們的新鮮感及新意。假期（vacanza）飾品品牌門市店，平均 2 ～ 3 年，就要加以改裝，不斷迭代，業績才能保持成長（現在已迭代到第 4 代）；假期是把門市店當成是藝術品在經營店面。總之，就是要不斷給顧客更驚豔、更新鮮、更好視覺的一種效果。

四、打造四感好體驗

假期（vacanza）品牌就是努力在四感上，提供給顧客在門市店內的美好體驗：

1. 好的視覺（定期改裝、陳列）
2. 好的嗅覺（店內有香氛味道）
3. 好的觸覺（顧客摸到飾品，會感覺到好品質）

4. 好的聽覺（店內有好音樂可以聽）

五、產品策略

假期（vacanza）飾品的產品策略，主要有 4 項根本原則：

1. 品質好、品質穩定

2. 產品具精緻感、質感度高

3. 平價，年輕女性、小資族都買得起

4. 品項多元化、多樣化、豐富化，可選擇性高。

基於上述 4 項根本原則，假期飾品終能獲得顧客的好口碑及高信賴度。

六、做事要先想到後面 2 步

徐亦知創辦人表示，做經營及做行銷，要想得遠一些，也要想得後面 2 步該如何走？走向何方向？何作法？如此，才比較會成功。

問題研討

一、請討論假期國際的公司簡介為何？

二、請討論假期品牌的定價策略為何？

三、請討論假期品牌店面經營兩大策略為何？

四、請討論假期品牌打造四感好體驗內容為何？

五、請討論假期品牌的產品策略 4 原則為何？

六、總結來說，從此個案中，您學到什麼？

個案 13 優衣庫（Uniqlo）：連續兩年獲利創新高的經營創新秘訣

一、獲利創新高

在 2021 ～ 2022 年，在全球疫情、俄烏戰爭、通貨膨脹及經濟衰退狀況下，日本優衣庫服飾公司的全球獲利仍創下新高；全年營收額破 1 兆日圓（折合台幣 2,300 億元），獲利 1,200 億日圓，創下史上新高。

二、了解過去、掌握現在，洞悉未來

優衣庫董事長兼總經理的柳井正表示：「經營企業，必須了解過去、掌握現在，並洞悉未來才行。」如果，面臨環境的巨變，經營者就說，此狀況是在預料之外的，這就是不合格的經營者，這也表示這種經營者，不能掌握現在及洞悉未來，將把企業帶向危險的境地。

三、中國是世界成長引擎

柳井正董事長表示，中國有 14 億人口，比日本大 10 倍之多（日本才 1.4 億人口），國民所得也已突破 1 萬美元，很多地方，像北京、上海、廣州、深圳、天津、重慶等城市，國民所得也已突破 2 萬美元，距離東京已不遠。中國已成為優衣庫重要的業績成長國家。

在 2023 年，優衣庫全球獲利來源，大中華區占 53% 最多；歐美占 16%，日本及其他地區占 31%，因此，中國可說是優衣庫營收及獲利的最大來源。雖然，美國、日本、中國、台灣有地緣政治與戰爭對立的風險，但柳井正希望全球都能和平，好好做生意、好好經營企業。優衣庫目前海外營收占 70% 之高，日本營收只占 30%，此顯見海外市場對優衣庫的重要性，優衣庫已成為全球化型的服飾大公司。

四、信賴公司、信賴品牌

柳井正董事長表示，做生意及經營企業最重要的秘訣，就是要讓消費者「相信這個公司」、「相信這個品牌」，也就是，消費者會安心的買這家公司的商品，這也是一種「信賴」的極致表示。如果能成為一家被信賴、有好口碑的公司，這家公司就成功了。因此，柳井正認為：「賣商品之前，應先賣品牌。」這就是「信賴經營學」、「信賴行銷學」。

五、ZARA 服飾為何全球第一

優衣庫（Uniqlo）目前為日本第一大、全球第 3 大的快時尚服飾公司。柳井正董事長認為西班牙 ZARA 服飾為何能長保全球第一大服飾公司的原因，主要有二：

1. 柳井正認為 ZARA 創辦人及高階主管，對自己的品牌及對自己的服飾行業，都長期懷抱著熱情與興趣，每天都有想要把它們做得更好、更棒、更強的一種工作熱情。
2. ZARA 有很多優秀的員工團隊，這包括：設計團隊、製造團隊、門市店業務團隊、全球化營運團隊、行銷團隊、物流團隊……等。

六、拓展海外業務的選擇及思考點

優衣庫對拓展海外業務的選擇及思考點，主要有 4 點：

1. 和其他品牌比較起來，優衣庫是否有脫穎而出的特點、特色及優勢嗎？
2. 這會使全世界變得更好嗎？
3. 這對當地國能貢獻什麼？在當地國能成為好的國民服飾品牌嗎？
4. 當地國還有沒有優衣庫成長的空間？

七、永無止境的追求成長

在柳井正的心裡，他最大的經營法則，就是要「追求永無止境的成長經營」。他說：「成長是沒有盡頭的，要生生不息的永遠成長下去。」柳井正認為，如果可以跟全世界各國做生意，那就太好了，他最大的盼望及希望，就能夠帶給全世界更美好、更平價的國民服飾可以買、可以穿。

八、對繼位者的期待

柳井正對於未來的繼任者，有以下五項要求及期待：

1. 要受到大家尊敬。
2. 要有領導力的。就是要能夠：「立刻判斷、立刻決定、立刻執行。」
3. 要能為公司賺錢、活下去的。
4. 要能為公司不斷成長、擴大世界版圖的。
5. 要能善盡企業社會責任及永續經營的（即 CSR + ESG）。

九、隨時做好計劃與準備

柳井正表示，面對現今國內外經營環境的巨變下，優衣庫早已做好現在及未來（3～5 年）的應變計劃及應變準備，一切均在他們的掌握之內。柳井正經常說：「晴天要為雨天做好準備才行。」這就是柳井正的「計劃經營」與「準備經

營」的最高策略展現。

十、一生永不會退休

　　柳井正表示，他自己做一直到戰場上奮戰到底，他一生永不會退休，最後，仍會保留「名譽董事長」及「創辦人」的頭銜。柳井正說：「他的生命，已經與優衣庫的生命緊緊黏在一起。」

問題研討

一、請討論柳井正董事長「了解過去、掌握現在、洞悉未來」的意涵為何？
二、請討論中國市場對優衣庫的重要性？
三、請討論「信賴經營學」的意涵為何？
四、請討論 ZARA 為何能常保全球第一大服飾公司？
五、請討論優衣庫（Uniqlo）拓展海外市場的選擇及思考點為何？
六、請討論優衣庫（Uniqlo）「永無止境追求成長」的意涵？
七、請討論柳井正董事長對繼任者的要求 5 點為何？
八、請討論「隨時做好計劃與準備」的意涵？
九、總結來說，從此個案中，你學到了什麼？

個案 14 樂高（LEGO）玩具：
屹立不搖 90 年的經營秘訣

一、卓越績效

　　全球最大積木玩具的丹麥樂高公司，2022 年業績比 2021 年還成長 17%，年度獲利達 62 億丹麥克朗（折合 268 億台幣），即使在 2020 ～ 2022 年面對新冠疫情、俄烏戰爭、全球通膨與經濟衰退狀況下，樂高仍交出完美的財務報表，繼續成為全球積木玩具業的領導品牌。

二、企業成功經營 5 個信念

　　樂高 93 年來的成功經營信念，可以歸納為 5 個：

（一）堅持品質必能勝出

　　樂高長期以來，一直堅信高品質必能帶來高的顧客滿意度，高品質也會推銷自己；只要品質夠好，顧客即會自動上門，因此，一定要堅持品質價值的觀念。

（二）帶來樂趣（fun）

　　為顧客帶來驚喜的樂趣，一向是樂高公司的最高願景及核心精神，而且不斷有創造式樂趣及富有產品想像力。

（三）要與時俱進、多變化、多引進

　　樂高這 90 年來，不斷的與時俱進，尋求更多變化，包括成人玩的積木玩具、電玩遊戲、YouTube 頻道、星際大戰 IP 授權……等，尋求更令人叫好又叫座的新變化。

（四）不斷投資、擴張及轉型

　　樂高最近又在美國及越南設廠，希望加強擴張美國市場及東南亞新市場，不斷投資及擴張，使得樂高永遠保持不斷的「成長式經營」。

（五）不做不擅長的事業

　　樂高只聚焦在自己 90 年來的核心事業及核心產品，對自己不擅長的事業，樂高絕對不做，以避免高的失敗率。

三、品質之外，仍須做行銷

　　樂高認為，除了堅定品質價值之外，另一個重要的事，就是要做行銷，要讓

全世界每個人都看見、都知道樂高的品牌印象及品牌好感度。因此，每年樂高仍投下一定的廣告宣傳預算，以保持行銷的曝光度。

四、引進非業內人士，督促進步

樂高公司也在最近幾年引進非業內人士擔任外部董事職位，希望公司的發展不要太受傳統阻礙及僵化，必須引進更創新、更有不同想法及作法的外部高層人員，以刺激樂高不斷向前邁進，而不要定於一型。

五、未來領導者條件

樂高創辦人多年前即指出，未來樂高的領導人，必須具備下列 7 項：

1. 有遠見
2. 充滿活力
3. 要有自信，但謙虛
4. 有行動力，一馬當先
5. 與員工建立緊密關係
6. 能夠快速判斷與快速決策
7. 與時俱進，保持創新

問題研討

一、請討論樂高的卓越經營績效如何？
二、請討論樂高認為企業成功經營的 5 個信念為何？
三、請討論樂高對行銷的看法為何？
四、請討論樂高為何要引進外部董事？
五、請討論樂高認為未來領導者的 7 項條件為何？
六、總結來說，從此個案中，你學到什麼？

個案 15 三陽機車：
九年逆襲，榮登機車第一名市占率的經營創新秘訣

一、公司簡介

九年前，三陽機車公司的大部分股權落到從事土地開發商的吳清源手上。九年前，三陽機車在整個機車的市占率僅有 9％而已。當時，三陽機車面臨衰退不振的幾個困境：

1. 市占率最後一名，落後光陽及山葉

2. 新車型很少

3. 員工人心漂浮不穩

4. 技術落後，品質不行

5. 經銷商出走

然而，經過吳清源董事長的九年改革，終於市占率榮登第一名，達到 35％，超越始終第一的光陽 27％；三陽機車在 2022 年，年營收達 150 億元，年賣 25 萬輛機車，年獲利 15 億元，獲利率 10％。

二、產品革新策略：推新款車、提升品質、省油、年輕化

吳清源董事長及其三陽機車團隊，具體來說，能使三陽市占率回升及機車暢銷，最大的革新核心，就是「產品力」。三陽機車產品力的改革策略，歸納有 4 大特點，如下：

1. 持續推出新車款

2. 機車品質提升、加強，做出好機車

3. 機車外觀設計全面年輕化，吸引年輕廣大客群

4. 省油，少花油錢，能打動機車族群

三陽機車在近 6 年來，推出 4 款均暢銷車款，如下：

1. 2016：推出平價車款「WOO 100」，銷售大賣，至今每月仍銷 7,000 台之多。

2. 2019：推出高階明星車款、旗艦款的「DRG」，售價 10 萬元，提供 36 期零利率及月付 3,000 元，造成市場轟動。

3. 2021：推出 JET 系列，有賽道王者之稱號。

4. 2022 年 6 月：推出「全新迪爵 125」，中價位，每公升可跑 64 公里，
過去是 46 公里，極為省油，而且外觀造型年輕化、夠力、耐騎等優點，
結果推出後大賣，一下子把三陽機車市占率超越光陽，榮登第一名銷售
量，迄 2023 年上半年仍是如此佳績。現在很多顧客，指定要買「新迪爵
125」機車。

三、人力組織策略

三陽機車（SYM）在 2017 年，為了翻轉三陽老氣車、便宜車、品質不好車
的印象，把當時的研發團隊，改革為兩個團隊，一個是稱「設計團隊」，由年
輕員工組成，負責設計機車外觀的年輕化、炫化、帥化。另一個是稱「技術團
隊」，由較老員工組成，負責省油技術、耐用技術、夠力／夠衝技術開發。最後
結果，這兩個團隊都成功達成目標了；可說是三陽新款機車的最大幕後功臣。

四、通路策略

這九年改革之後，三陽機車在全台經銷商（店）大幅成長 50％，合計經銷
＋專銷，超過 3,000 家之多。而且，因為三陽機車暢銷，有錢賺、有利潤，三陽
全台經銷商士氣很高昂，重新找回了對三陽總公司的信任感及關係緊密感。九年
前，三陽經銷商軍心渙散、機車賣不動、品質不好、無新車款、沒錢賺、一個一
個都跑掉的現象，已大幅改善。

五、零組件協力廠策略

吳董事長上台後，這九年來，喊出「共同設計、共同研發、共享利潤、共同
共榮」，與外部這些協力廠商重新大力改造，重新緊密團結，重新再突圍，結果
協力廠商也都能賺到錢，並且與三陽搭配良好，發揮技術上 1 ＋ 1 ＞ 2 的良好綜
效，大家都努力使三陽機車技術升級，及品質提升的目標達成。

六、拿下心占率＋市占率第一名

吳董事長表示，2022 年三陽機車已重返榮登銷售市占率第一名，他希望在
「品牌心占率」上，也要努力獲得第一名。未來，三陽機車在以下七大方向，都
要持續再努力、再精進，以達成廣大機車族的品牌心占率第一名：
1. 品質上
2. 技術上
3. 省油上
4. 耐用上
5. 廣告宣傳上

6. 口碑上

7. 媒體報導上

七、持續大量投放廣告聲量

三陽機車，年營收達 150 億元，從其中拿取 2%，計 3 億元，做為每年的電視及網路上的年度廣告宣傳費；以持續累積出對三陽（SYM）品牌的知名度、指名度、好感度及信賴度；並同時帶給全台 3,000 多家經銷商更鞏固的經銷信心。

八、拓展海外市場

吳董事長認為台灣 2,300 萬人市場及一年 70 萬輛機車市場，市場太小，成長不可能，因此，計劃進軍東南亞（東協）市場＋歐洲市場，並且希望海外營收能占到七成之多，台灣占三成。並且，以台灣總公司為研發中心，每年推出 1～2 款新機車為目標。

九、獎勵員工

2022 年，三陽機車市占率榮登第一，且營收及獲利均創下新高，吳董事長也核發平均 6 個月的年終獎金，特優有 10 個月，以激勵、獎勵全體 2,000 多名的員工一年努力及付出，並且激發組織士氣。

十、董事長的信念及經營管理

吳董事長接任九年來，從三陽的最低潮改革到最佳冠軍寶座，其個人的經營管理及經營理念，有以下幾點：

1. 今年績效，就是明年壓力。

2. 永遠／每天都要戰戰兢兢，不容懈怠。

3. 既然要做，就要把事情做好。

4. 做好表率，使員工相信。

5. 我每天上班 12 小時，從無懈怠。

6. 用實力證明一切。

7. 高階要說到做到，要與他們（員工）站在同一陣線。

8. 經銷商提出任何問題，要立刻想辦法解決、立刻改善。

十一、潛在問題點

雖然三陽機車在 2022～2023 年在燃油機車銷售上冠軍，但在先進的「電動車」上，進度仍較光陽機車落後不少。光陽的「IONEX 電動機車」已上市銷售二年了，三陽仍在研發中，如果未來十年、二十年，電動機車是必然趨勢的話，那麼，這對三陽機車是必然的挑戰及問題點，三陽機車有待急起直追。

十二、三陽機車最新市占率，持續領先

　　三陽機車到 2023 年 5 月份，當月銷售 2 萬台，市占率高達 38.4%，已連續 13 個月，坐穩國內機車單月的銷售冠軍。主因是，三陽的新迪爵、時尚 Fiddle 系列及速克達 JET 系列等，均為年輕族群購車的指名車款。另外，再加上搭配促銷方案，買就送精品組，帶動業績成長。

十三、越南廠已轉虧為盈

　　三陽機車越南廠，已在 2022 年度正式轉虧為盈了，2023 年則可望獲利更好。台灣一年機車銷量為 70 萬輛，越南則為一年 300 萬輛，市場規模為台灣的 4.5 倍之大；而整個車南亞機車市場，則為台灣的 17 倍之大。目前，越南市場以日本的 HONDA（本田）機車市占率最高，達七成之高。三陽機車已完成越南機車市場的調查，了解越南的消費者偏好及需求，以及市場未來趨勢；因為，越南市場與台灣市場不同，所以，必須研發適合當地市場需求的新型機車，新型機車設計，將是越南市場的決戰點。

問題研討

一、請討論三陽機車簡介？

二、請討論三陽機車的產品改革策略為何？

三、請討論三陽機車的人力組織策略為何？

四、請討論三陽公司的通路策略為何？

五、請討論三陽公司的協力廠策略為何？

六、請討論三陽公司的心占率＋市占率第一名的策略為何？

七、請討論三陽公司的廣告投放策略為何？

八、請討論三陽公司拓展海外市場策略為何？

九、請討論三陽公司如何獎勵員工？

十、請討論三陽公司董事長的經營理念及管理作法為何？

十一、請討論三陽公司的潛在問題點為何？

十二、請討論三陽機車在 2023 年 4 月份最新市占率狀況如何？

十三、請討論三陽機車越南廠損益狀況如何？市場規模狀況？贏得關鍵為何？

十四、總結來說，從此個案中，您學到什麼？

個案 16 大樹：
藥局連鎖通路王國經營成功之道

一、公司簡介及經營績效

　　大樹藥局由董事長鄭明龍創立於桃園，近七年來，營收每年成長率平均達30%；從2014年登上興櫃，當時年營收僅16億元，但到2022年已高達150億元，七年年營收翻6倍成長；而年獲利亦有7.5億元。這種好績效，也得到外資證券投資公司的好評，而加強投入買股；大樹股價在2023年5月達到400元最高點。

二、國內藥局連鎖市場未來成長潛力大

　　目前，國內藥局總店數，約6,000家之多，每年產值規模達1,200億元。加上國內老年化、高齡化結果，使得對藥局的需求上升，使市場潛力大增。根據推估，台灣藥局連鎖店數占比，只占全部的2成，其他均為單店經營。但這與美國、日本、中國相比較，他們的藥局連鎖店數占比都高達五～六成之高，顯見國內藥局連鎖市場成長空間仍很大。預估到2030年，國內藥局連鎖占比，可從現在的2成，成長到占5成比例。現階段國內超過50家藥局連鎖的計有八家公司，分別為：大樹、杏一、丁丁、啄木鳥、長青、佑全、躍獅、維康等。其中，以大樹及杏一兩家連鎖店最多，占有率達45%，這二家也均是上市櫃公司。

三、持續展店目標與策略

　　大樹藥局目前連鎖店，包括直營＋加盟合計數，已達300店；鄭明龍董事長表示，未來五年，仍將持續展店。預計2025年將達500店，2030年將達1,000店之多。在具體店型方面，未來五年將以商圈大型店300店，社區小型店200店並進方式。大樹藥局持續拓店的3大策略：

　　1. 自己拓店（直營店）
　　2. 併購拓店
　　3. 加盟拓店

四、未來營運成長動能的「三跨計劃」

　　除了述持續展店策略外，鄭明龍董事長表示，大樹藥局將推動「三跨計劃」，做為未來五年的持續成長動能，此「三跨計劃」為：

（一）跨品牌：

大樹已與日本第二大藥局連鎖公司 SUGI 戰略合作，包括 SUGI 入股大樹公司，以及引進SUGI公司的自有產品在台灣上架銷售；並與SUGI開設複合店模式。

（二）跨產業：

將主攻國內龐大的寵物市場，目前國內犬貓的數量已達 290 萬隻，市場潛力大，將設立寵物門市店。

（三）跨海外：

將首攻中國市場，與中國大陸的百大藥局合作，以授權加盟方式，推展在中國大陸的藥局連鎖市場。

五、打造健康產業的「四千計劃」推動

大樹藥局也已推動「四千計劃」，即：

1. 千人：千人藥師人才團隊。
2. 千面：爭取全面向消費者。
3. 千店：目標 1,000 家門市店。
4. 千廠：1,000 家供應商。

六、做好 OMO 全通路策略

在通路策略方面，朝向實體門市店＋電商（網路）平台的OMO 全通路策略。

1. 在實體門市店方面，目前已有 300 店，未來目標是 1,000 店。
2. 在電商平台方面，除已自建自己的官方線上商城外，也將上架到 momo、蝦皮等大型電商平台上。

七、大樹藥局的軟實力

大樹藥局的軟實力，主要有二點：

1. 專業，全台計有 1,000 位藥師，提供藥品及保健品、輔具等專業知識。
2. 服務，已成立 24 小時客服，計有 30 位客服藥師提供貼心服務。

八、優化店內產品組合

為了提高門市店坪效，大樹已持續優化店內的產品組合，把賣很少量的產品下架，換上比較好賣、有需求的好產品上來，以提高整體門市店的營業額及坪效。

九、大樹藥局的經營理念

鄭明龍董事長表示，他的經營理念有 3 點：

1. 強調品質第一：嚴格把關供應商的商品品質，把品質放在第一位。
2. 講求誠信與專業：藥局經營的根本，就是要注重誠信與專業，盡力滿足每一位顧客的需求及期待。
3. 比別人早一步的創新理念：大樹藥局很早就與國內嘉南及大仁兩所大學的藥學系合作，以吸引年輕藥師，克服目前藥師荒的問題點。

十、吸引藥師作法

大樹吸引藥師的作法有二點，目前，大樹藥師的離職率很低，這是大樹軟實力的最大支撐力量：

1. 給予入股大樹公司的優惠，使他／她們與公司能更緊密結合，不輕易離職。
2. 協助成立加盟店，成為自己是店老闆的夢想。

十一、大樹後勤支援系統

大樹已導入 ERP 系統及會員系統，能夠自動補貨，當天叫貨，隔天就到，降低門市店的缺貨。此外，大樹公司也已投資 20 億元，在桃園建立物流中心，以支援未來全台 1,000 店目標的快速物流能力。

十二、跨業合作

大樹也與零售異業合作，包括：

1. 與全家超商打造複合店模式
2. 與家樂福量販店打造店中店模式

這些也都是持續展店的異業合作策略展現。

十三、各品類營收占比

根據 2022 年度最新資料顯示，大樹藥局的年營收各品類占比：

1. 婦嬰用品：占 40%
2. 保健品：占 24%
3. 處方藥品：占 16%
4. 健康品：占 16%
5. 其他：占 4%

十四、深耕會員經營

大樹藥局目前會員人數已達 390 萬人之多，可享有購物折扣及紅利點數之用。今後，大樹將強化深耕會員的黏著度及忠誠度，以更有效提升會員的回購率及回購次數。

十五、完善教育訓練系統

　　大樹藥局極為重視員工的教育訓練，為加強員工的專業知識，以保證顧客的健康為第一重要。因此，大樹藥局的教育訓練，主要區分為兩大類：

　　1. 新人（新進員工）訓練

　　2. 既有員工在職訓練

十六、提升顧客滿意度

　　大樹藥局也很重視會員顧客的滿意度，該公司從下列 3 個方向積極努力：

　　1. 對全台門市店人員的專業性滿意度。

　　2. 對產品獲得、買得到的滿意度。

　　3. 對門市人員服務態度及效率的滿意度。

　　大樹藥局也會固定時間做全台顧客滿意度的調查報告。

問題研討

一、請討論大樹藥局的公司簡介及經營績效為何？

二、請討論國內藥局連鎖市場未來成長潛力如何？

三、請討論大樹未來持續展店目標及策略為何？

四、請討論大樹未來營運成長動能的「三跨計劃」為何？

五、請討論大樹打造健康產業的「四千計劃」為何？

六、請討論大樹如何做好 OMO 全通路策略？

七、請討論大樹的軟實力為何？

八、請討論大樹為何要優化店內產品組合？

九、請討論大樹的 3 點經營理念為何？

十、請討論大樹如何吸引藥師的作法？

十一、請討論大樹的後勤支援系統為何？

十二、請討論大樹的跨業合作為何？

十三、請討論大樹各品類營收占比為何？

十四、請討論大樹的會員人數有多少？會員經營的目的何在？

十五、請討論大樹的教育訓練有那兩大類？

十六、請討論大樹提升顧客滿意度的 3 個方向？

十七、總結來說，從此個案中，您學到什麼？

個案 17 肯驛：
服務 200 萬人 VIP，成為禮賓產業冠軍的創新秘訣

一、公司簡介

肯驛公司成立於 2008 年，董事長為吳政則，主要業務為：國內外機場接送、禮賓服務、飯店代訂、餐廳代訂、機場貴賓室服務等。主要客戶 9 成為銀行 VIP、發卡機構 VIP、中信銀行／國泰世華銀行 VIP、中華電信 VIP、VISA 卡 VIP 等。肯驛國際每年服務超過 200 萬人次，年營收達 10 億元。肯驛公司從機場接送專門公司，一步步打造出全台 VIP 服務王國。

二、肯驛公司的產品與服務

歸納起來，肯驛公司的服務主要有 2 大類：

（一）全球禮賓服務：

肯驛在全球 280 個城市機場有接送、156 個機場可禮遇通關、有全球 1,300 間貴賓室可用，以及通曉 6 國語言、24 小時、100 人團隊的真人客服人員接聽電話服務。

（二）精緻生活服務：

台灣及海外國家五星級大飯店、米其林餐廳、高爾夫球場、健檢中心、電影院、渡假村、寵物住宿等服務。

三、肯驛的服務實績

肯驛過去 15 年來，已獲致如下的服務實績：

1. 全球各大機場接送服務：市占率超過 60%。
2. 全球各大機場貴賓室服務：市占率超過 80%。
3. 全球禮賓秘書服務：市占率超過 80%。
4. 超過 50 家大型企業指定服務商，每年服務超過 200 萬人次。
5. VISA、MASTER、美國運通等發卡組織指定的服務合作商。
6. 通過 ISO 9001、ISO 27001、ISO 27701 及品質和資訊雙認證的服務供應商。

四、肯驛的 3 個成功關鍵

肯驛公司的成功關鍵，吳政則董事長歸納出 3 個要點，如下：

（一）投入 IT 資訊科技人才團隊及系統建置：

肯驛公司過去曾積極投入 AI 資訊系統，成立 10 多人團隊，投入一千多萬元，負責整合服務系統。此系統可以提升司機準點率、降低空車率成本，吸引數十家車行合作，媒合這些司機的生意。此外，肯驛也有自有車隊，規模達 100 輛。此套資訊系統是負責整合所有的服務系統。

（二）不斷開拓服務產品項目，持續墊高競爭門檻：

肯驛公司這十多年來，一直拓展更多元化的禮賓服務項，委託公司如銀行，他們想要的很多，所以，肯驛的 VIP 服務，一直長出來，加值服務一直在增加。包括：全球 280 個城市的機場接送、1,300 個國際機場貴賓室服務、大飯店代訂、餐廳代訂、居家清潔代訂等；這不斷墊高此行業的競爭門檻。

（三）增設近 100 人的專業客服團隊：

因為肯驛公司的客服團隊人數多，且精通 6 國語言，所以，很多銀行及發卡機構，自 2017 年起，就紛紛委託肯驛公司來負責。如今，該公司已掌握全台九成信用卡 VIP 及壽險公司 VIP 客戶。另外，國內訂餐的銀行卡友，每月就有 1 萬組，赴日本旅遊的，也有很多透過肯驛去訂日本大飯店及民宿的。由於肯驛的訂量夠大，因此國內外餐廳及大飯店自然就會給優惠價及保留率。

總之，肯驛透過不斷創新服務，幫助 VIP 客戶們達成任務。

五、肯驛公司的五項經營理念

吳政則董事長領導下的肯驛公司，其經營理念計有下列 5 項：

（一）人才優先（人才第一）：

人，才是公司最重要的資產，得人才者，得天下也。所以，專業人才團隊及員工才是公司第一成功的關鍵，並不是董事長個人。

（二）持續創新：

公司在各種領域必須持續創新，唯有創新能力，才能使公司保有競爭優勢。

（三）超值服務：

必須要不斷提高滿足顧客的需求，而且要超越顧客想像的價值。

（四）勇於負責：

公司各級幹部、甚至各個基層員工，都必須勇於負責，負責到底，絕不終

止。

（五）創造價值（價值經營／高值化經營）：

公司必須不斷創造顧客價值、市場價值及企業價值，唯有「價值經營」、「高值化經營」，才能領先同業及滿足顧客。

六、結語

由機場派車公司，成功發展為全台最大 VIP 服務供應者，並把禮賓服務做到極致，滿足高端 VIP 消費客群所需要的全面性服務。

問題研討

一、請討論肯驛公司的簡介？

二、請討論肯驛公司的 2 大類產品及服務為何？

三、請討論肯驛公司的服務實績為何？

四、請討論肯驛公司的 3 個成功關鍵為何？

五、請討論肯驛公司的五項經營理念為何？

六、總結來説，從此個案中，您學到什麼？

一、業績及股價創新高

2023 年第一季，寶雅公司季營收達到 53 億元，較 2022 年第一季營收的 47 億元，成長 12.3%，創下成立以來，單季的最高營收。而其上市的股價也升高到 580 元，是美妝百貨股的最高股王。

二、業績成長 7 點原因分析

據寶雅公司自己發布的訊息顯示，寶雅在 2023 年第一季創下史上業績新高的原因，有以下 7 點：

（一）持續展店增加效益：

在 2023 年 4 月份，最新的數據顯示，寶雅全台店數已達到 330 店，旗下另一品牌寶家五金百貨的店數，也有 40 店，兩者合計 370 店之多；由於店數持續增加，因此，總營收也就持續上升。

（二）既有店營收也成長：

除展店增加營收外，既有店的營收，也較去年同期有所增加。

（三）疫情解封，正面影響：

全球及台灣的新冠疫情，從 2022 年下半年開始，逐步解封；大家被疫情困了兩年半，終於回復正常外出生活及消費購買，使得市場景氣回復到 2019 年的時候。

（四）2023 年第一季假期多：

2023 年第一季，正逢過年長假九天，以及 228 連續假及清明節連續假，使消費大幅成長。

（五）展開新店型成功：

從 2022 年下半年起，寶雅推出以美妝產品為主力的「POYA Beauty」新店型，成功帶動新業績成長。

（六）出國旅遊增加，帶動日用品成長：

由於 2023 年第一季，國人出國旅遊大幅增加，使得對日用品及出國旅遊產品的購買增加。

（七）桃園＋高雄物流中心支援全台 400 店商品配送：

寶雅在最近五年內，在桃園及高雄建立大型物流倉儲中心，可支援全台 400 店商品配送。

三、美妝新店型加速展店

寶雅在 2023 年 4 月為止，已開出美妝專門店（POYA Beauty）七個店，而且能夠成功營運，帶動新業績成長；未來將進駐更多大型購物中心、大型百貨公司，以及鬧區商圈等地點，全力加速美妝專門店的拓展，帶給寶雅公司業績再成長的新契機，破解既有藥妝店市場飽和的困境。

四、未來 8 大努力方向與營運策略

寶雅公司未來的努力方向及營運策略，計有 8 點：

（一）持續產品組合的優化行動：

如何留下好賣的，淘汰掉不好賣的產品，並持續引進國內外好賣的商品，如此，才能提高每日銷售好業績。

（二）持續展店，總目標最終達成 500 店：

寶雅曾試算過，五年後，寶雅最終總目標店數，將邁向 500 店為止：

- 2,300 萬人 ÷4 萬人一家店＝ 575 店
- 575 店 ×70%（扣除小孩人數）＝ 400 店
- 400 店＋ 40 店（大型購物中心）＋ 60 店（小型郊區店）＝ 500 店

（三）深耕 600 萬會員人數，鞏固回購率及忠誠度：

寶雅目前持有會員卡及 App 下載人數，計有 600 萬人之多的會員人數；如何給予更多累點優惠、折扣優惠、價格優惠，以鞏固會員們的忠誠度及回購率，已成為極重要之事。

（四）加強既有門市店升級：

將持續加強在既有 370 店內，設立美妝區及熱銷展區，以便利會員們的搜尋體驗。

（五）持續專注女性消費主力客群：

寶雅店目前有 8 成以上，都是 15 ～ 49 歲女性客群為主力，未來仍將持續專注做好這一個主力客群的商品提供、服務提供、會員優惠提供及良好體驗提供。

（六）提升官方線上商城銷售占比；做好 OMO 全通路行銷：

寶雅提供「POYA BUY」官方線上商城，目前營收占比僅占一成，未來將加強行銷／促銷活動，希望提高占比到二成，確實做好 OMO（線下＋線上）全通路行銷的目標。

（七）完整數位布局：

寶雅自五年前，即展開數位化布局，拓展寶雅 App、寶雅 PAY、及寶雅線上商城等數位化工具，也是希望跟上數位化時代，帶給會員們更好的數位化體驗。

（八）持續提高客單價：

隨著寶雅店內商品組合的優化、數位化轉型及節慶促銷活動加強等作為，就是希望持續提高來客的平均客單價，如此，就能提高每月總營收數字。

五、結語：持續保持國內美妝百貨連鎖店第一大領導地位

寶雅＋寶家的 2023 年總營收額已突破 200 億元，已領先屈臣氏及康是美兩家公司，成為國內美妝百貨連鎖店的第一大領導地位，而且股價高達 570 元之高，遙遙領先尚未公開上市櫃的屈臣氏及康是美公司。展望未來，寶雅公司已策訂好上述八大努力方向及營運策略，未來十年到 2033 年止，寶雅恐仍是在美妝百貨連鎖店的冠軍寶座者。

問題研討

一、請討論寶雅在 2023 年第一季營收創下歷史新高的狀況及原因為何？

二、請討論寶雅最新推出什麼新店型？

三、請討論寶雅未來的 8 大努力方向及營運策略為何？

四、請討論寶雅的結語為何？

五、總結來說，從此個案中，您學到什麼？

個案 19 王品：
國內第一大餐飲集團的常勝策略

一、2023 年第一季營收創新高

國內第一大餐飲集團王品，在 2023 年第一季營收額比 2022 年同期成長 20%，達到 56 億元，推估 2023 年全年可突破 200 億元營收，創王品成立 30 多年之歷史新高。王品於 1993 年成立，2023 年 4 月份，最新上市股價達 300 元，超過瓦城 250 元、八方雲集 240 元、豆府餐飲集團 245 元等，成為最高餐飲股價。

二、營收業績創新高原因

王品目前有 25 個餐飲品牌，以及台灣 305 家店、中國 102 家店，合計 408 家店。2023 年第一季，王品季營收創新高原因，如下：
1. 兩岸疫情解封，消費者對餐飲需求回復及大增。
2. 兩岸持續拓點展店，總店數持續增加中。
3. 每年不斷增加 1～3 個新餐飲品牌。
4. 國內假期多。有過年春節假期、228 假期、清明假期、情人節假期等。
5. 王品各品牌紛紛推出促銷優惠價格吸客成功。

三、採取多品牌策略，成功拓展更多市場空間

（一）25 個品牌名稱

30 年來，迄目前為止，王品在國內開拓出 25 個多品牌的餐飲集團，主力品牌，區分如下：

① 鍋物類	② 燒肉類	③ 鐵板燒類
(1) 石二鍋 (2) 聚 (3) 青花驕 (4) 和牛涮 (5) 快意鍋	(1) 肉次方 (2) 最肉	(1) Hot7 (2) 夏慕尼 (3) 阪前 (4) 就饗

④	⑤	⑥
日韓類	歐美類	中台式類
(1) 藝奇	(1) 王品牛排	(1) 莆田
(2) 陶阪屋	(2) 西堤	(2) 享鴨
(3) 品田牧場		(3) 丰木
(4) 初瓦		(4) 來滋烤鴨

（二）多品牌策略的方法及好處

王品集團採取多品牌策略，係以：

1. 不同的價位（高價、中價、平價三種）

2. 不同的品類及口味

3. 不同的品牌名稱

而採取多品牌經營模式。

而多品牌策略，可以帶來 3 項好處及優點；如下：

1. 可滿足不同客群需求及消費能力

2. 可開拓出更大市占率

3. 可有效持續擴增營收及獲利成長

四、王品瘋美食 App 會員人數突破 300 萬人

王品耗資數百萬元，推出「王品瘋美食 App」，目前會員下載人數已突破 300 萬人之多，占年營收 40%，均屬來自會員的貢獻。王品極為重視會員經營，這款 App，可以訂位、可結帳、可累點、可以知道最新優惠方案，極為方便。App 會員經營可帶來下列 4 點好處：

1. 可培養顧客忠誠度

2. 可降低獲得顧客之成本

3. 可更精準行銷

4. 可加深會員黏著度

五、王品未來保持成長業績 7 大策略

王品餐飲年營收已突破 200 億元之多，兩岸總店數也突破 408 店之多，未來，王品餐飲集團保持持續成長業績的 7 大主力策略：

1. 每年持續增加 1 ～ 3 個新餐飲品牌，進入市場。
2. 兩岸持續拓店、展店，並關掉業績不好的據點。
3. 持續深耕台灣 300 萬名會員，給予更多實質優惠回饋，提高回店率。
4. 既有 25 個品牌，每年固定增加好吃的新菜色，保持新鮮感及推陳出新、不要品牌老化掉。
5. 持續重視各項重大節慶的促銷活動推出。包括：過年春節、母親節、爸爸節、情人節、中秋節、清明節、聖誕節、端午節、年終慶……等。
6. 大力提升既有店的每店平均營收業績，強化既有店的競爭力。
7. 更加善待全體員工、加強提高全員薪資、獎金、福利及休假，以更加穩固員工的心，降低離職率。

問題研討

一、請討論王品在 2023 年第一季營收創新高的狀況及原因為何？

二、請討論王品採取多品牌策略的方法及好處有那些？目前有那 25 個餐飲品牌？

三、請討論王品瘋美食 App 會員有多少人？會員經營可帶來那些好處？App 有哪些功能？

四、請討論王品未來保持成長業績的七大主力策略為何？

五、總結來說，從此個案中，您學到什麼？

個案 20 喜年來蛋捲：
長銷 46 年的成功創新秘訣

一、公司簡介

喜年來公司及品牌成立於 1977 年，至今已長銷 46 年。該公司 2023 年營收額達 6 億元，蛋捲市占率高達 40%，是國內第一大蛋捲領導品牌，其他次要品牌，有義美、海邊走走、青鳥旅行……等中小品牌。喜年來蛋捲讓人記憶最深刻的就是它的正方形紅色鐵盒子外包裝，已存在 46 年，成為喜年來的標記。

二、外銷美國市場成功

2022 年 3 月，喜年來蛋捲在台灣好市多（Costco）介紹下，首度進軍出口到美國的好市多，結果，由於很好吃，且美國很少見此種蛋捲零食，因此，引起熱賣；從加州、德州、紐約、賓州、緬因州……等幾十個州，都可以在好市多（Costco）大賣場看到紅色鐵盒的喜年來蛋捲。

去年，喜年來出口十萬組鐵盒蛋捲到美國好市多，一下子成為它的最大外銷市場；除美國外，喜年來蛋捲也陸續打進韓國、日本、馬來西亞、越南、菲律賓等海外市場，目前，海外年營收額為 6,000 萬元台幣，占全年營收額 6 億元的一成（10%），相信，未來會再成長到二成的新目標。

三、固守老客層，成功打開年輕新客層

喜年來蛋捲 46 年來，始終能夠長銷不墜，就是它能夠與時俱進，讓老產品持續展現新面貌，吸引年輕族群成為它的新客群：
1. 喜年來與知名巧克力品牌聯名新口味推出，吸引年輕人。
2. 喜年來與日本三麗鷗卡通肖像聯名推出，以外型包裝吸引年輕人。
3. 喜年來開發季節限定抹茶口味推出，吸引年輕人。
4. 與日本動物公仔原型師合作，推出生肖公仔禮盒，公仔會隨著蛋捲禮盒銷售。年輕人很喜歡公仔，故客製化獨家公仔。

四、長銷 3 招

綜合來看，喜年來能夠保持 46 年來都能長銷，並且營收額逐年仍有成長，其主因有以下幾點：
1. 過去只著重在國內市場，近幾年，開始開拓美國及亞洲新市場。

2. 推出 15 種不同口味蛋捲，能切入不同口味愛好的不同客群，做好分眾行銷。

3. 不斷與時俱進及創新，例如：前述的推出卡通肖像、公仔、季節限定聯名蛋糕，以吸引年輕客群。

五、產能利用率 100%，將擴建第 2 廠，投資 12 億

位在台灣南投的喜年來工廠，目前的產能利用率已達 100%，現在已投資 12 億元投資買地增設第 2 廠，希望產能能提高 2 倍，以供應業績訂單量不斷成長的國內市場及海外市場。但是，台灣市場仍是最優先的，年營收額 9 成（5.4 億元），也是來自國內市場；其次才是海外市場的成長需求。

問題研討

一、請討論喜年來公司簡介？

二、請討論喜年來外銷美國市場如何？

三、請討論喜年來如何固守老客層，成功打開年輕新客層的作法？

四、請討論喜年來蛋捲長銷 46 年的 3 招為何？

五、請討論喜年來的產能利用率多少？未來是否有新投資？

六、總結來說，從此個案中，您學到什麼？

個案 21 華利製鞋：全球產量第 2 大鞋廠創辦人張聰淵的經營理念

一、公司簡介及經營績效

台商華利製鞋公司成立於 2004 年，創辦人張聰淵，該公司每年生產 1.8 億雙鞋，2023 年營收額達 600 億台幣，在中國上市公司，企業市值達 4,300 億元；全球員工超過 10 萬人。

華利公司的經營績效，如下表：

1. 年營收	606 億元
2. 全球產量	1.8 億雙
3. 毛利率	24.8%
4. 營業淨利率	16.5%
5. 稅後淨利率	13.5%
6. 本益比	53 倍

華利公司的生產線及銷售地區，如下表：

生產概況	華利公司
1. 主要生產線（製造地點）	・越南：占 99% ・中國：占 1%
2. 主要銷售地區	・美國：占 88% ・歐洲：占 11%
3. 主要客戶	・NIKE：占 27% ・Puma：占 11% ・VF：占 26% ・Decker：占 17%

二、聚焦／專心／熱情做出好鞋子，得到客戶肯定、信賴

張聰淵董事長表示，華利製鞋的成功，主要的經營理念是：「要專心、一心

一意、聚焦、熱情的做出好鞋子。」他說，他是一個沒有娛樂的人，主要就是工作、再工作，專心投入在公司上面的事情，製鞋是他所擅長的事，就是不斷的優化及進步，做出好鞋子，做到海外客戶都稱讚及肯定及信賴，那就離成功不遠。

三、滿足大客戶的 5 項要件

張董事長表示，海外鞋子大客戶，要的東西，其實很簡單，就是 5 個要件：
1. 品質要夠好、要穩定、要長期值得信賴。
2. 良率要高、要達 100%，不能有不良率。
3. 交貨期要準確，不能延遲、擔誤。
4. 供應量要充份配合，要多可多，要少可少。
5. 價格要能配合海外客戶的要求，但至少會有合理的利潤。

只要能滿足大客戶這 5 要件，你的訂單生意可就能做不完了。

四、做鞋子沒有奧妙，只有：你有沒有比別人做更好的決心

張董事長表示，其實，製鞋業是很傳統產業，什麼技術、配方、流程都封不住的，這不是台積電、聯發科的高科技研發有高度入門關卡，可以鎖住。做鞋子其實沒有很深學問，也沒有太多奧妙，重點是在於：「你有沒有比別人做更好的決心。」所以，我經營華利公司，就是一直努力工作、努力改善製程、努力提高品質及努力提升鞋子好穿度，希望在這方面做得比別的鞋廠更好、更優。

五、順著市場需求、客戶需求、對公司未來負責任

張董事長表示，他是一個比較務實的人，一步一腳印，不太會訂高遠宏大的計劃；他會做到今天的大鞋廠，都是順著海外客戶需求及市場需求而走的，而去適應環境的；他在台灣、在越南、在中國等地都有公司、都有工廠，他要對這些公司、工廠、員工負責，所以，要繼續用心努力下去，要忠於工作，要做應盡的任務。

六、在中國掛牌，回饋老員工

張董事長表示，未來該公司（華利實業公司）是想回台灣上市，但輔導證券商說，在中國上市的企業市值可以多二、三倍。張董事長表示，他已經 70 多歲，能上市的話，就能分享一些股票上市的財務利得給跟隨他幾十年的核心幹部及老員工。

七、有什麼環境，就要努力去適應它

對於經營企業，難免會遇到各種環境的有利或不利變化，包括：客戶環境、

競爭者環境、全球經濟景氣環境、地緣政治環境、中美兩大國競爭環境、供應鏈環境、匯率環境……等，張董事長的經營理念，就是：去適應它！去適應環境變化！並且，儘可能降低及減少外部環境不利的變化影響，並且儘可能快速應對，不要拖延、不要觀望、不要等待、不要下不定決心。

問題研討

一、請討論華利公司的簡介、經營績效如何？以及主要生產地及銷售地為何？

二、請討論張聰淵董事長的經營理念是什麼？

三、請討論華利公司代工製造滿足海外大客戶的 5 項要件為何？

四、請討論張董事長認為要做得比別人更好決心的意涵為何？

五、請討論張董事長為何不訂高遠宏大計劃的觀念為何？

六、請討論華利在中國上市掛牌的原因何在？

七、請討論張董事長面對環境變化的看法如何？

八、總結來説，從此個案中，你學到什麼？

個案 22 葡萄王：
年營收破 100 億，創下史上新高的改革
創新策略

一、公司簡介

　　葡萄王成立已 54 年，是國內老牌生技公司，主力產品為益生菌及靈芝產品，它以代工為主力，2022 該年營收達 104 億，獲利 22 億，獲利率達 20% 之高。

二、第二代接班，面臨困境

　　2014，葡萄王創辦人突過世，兒子曾盛麟接班為董事長，但也面臨五項困境：

1. 公司老化、品牌老化。
2. 台灣市場有限成長緩慢。
3. 創辦人為強人領導，老臣們多服從，但兒子接任後；老臣們意見多，兒子必須立下戰功，才能保住這個新董事長職位。
4. 當時新蓋廠，花 10 億元，產能塞不滿，又有折舊攤提，必須趕快找出第二條成長曲線。
5. 營收來源過度集中，九成來自於旗下直銷子公司葡眾的業績。

三、解方：擴大代工事業

　　曾盛麟新任董事長後，觀察到國內及國外代工空間很大，決定走擴大代工規模，終於代工業績有顯著成長，至今占總營收超過 10%，而葡眾占總營收也降到八成。而公司總人數也從 2015 年的 150 人，成長到 500 多人。但要接海外代工生意，歐／美客戶要求要做好 ESG 每個項目及減碳要求。

四、2016 年起，大力投入 ESG 實踐

　　面對全球 ESG（E：環保，S：社會責任，G：公司治理）必然趨勢，曾盛麟董事長決心大力投入 ESG 實踐目標。首先，他先成立專案委員會及專責人員負責推動。其次，每年訂定各項 ESG 的 KPI 指標及執行計劃。最後，就是全力去推動、落實。這裡面，有節電方案、減碳方案、公司治理方案、社會責任方案等。經過五年多來的全員努力，葡萄王的 ESG 評鑑項目，都已獲得海外代工客戶的認可及順利通過。在 2014 年，該公司在國內公司治理評鑑只有 60 分，到 2023年，該公司已擠入上市櫃公司治理排名的前 5%，而且是生技公司唯一入榜的。

五、面對老臣的改革作法

曾盛麟董事長認為：「在父親時代是強人式管理，一人說了算，但到二代接班，兒子卻不能有此作法及條件。」因此，他有幾個領導原則：選擇以退為進，只用硬的恐無效，故必須軟硬兼施；你可以挑戰我，但我也有我的堅持。另外，在硬的方面，他也有幾個作法：

1. 建立制度，靠制度改變老臣們的心態。
2. 引進更多元背景的專業經理人。
3. 引進統一企業入股，並擔任一席董事會董事，讓決策更加多元化，有不同建議，勿一言堂。

在軟的方面，他放下身段，不擺架子，採取親民作風，把這些老臣們放尊重，並喊他們為大哥、大姐們，使他們的心態軟化。時間久了，他與老臣們的磨合也就漸上軌道；再加上這幾年來，曾盛麟年輕董事長也成功做出很多戰功：

1. 代工事業業績大幅成長。
2. 公司落實公司治理及 ESG 成果，得到好成績。
3. 公司營收及獲利均有成長。
4. 公司上市股價也有顯著提升。
5. 葡萄王已成國內第一名生技公司。
6. 公司用人數也不斷成長，從中小企業變成中型公司。

六、未來成長目標與經營理念

曾盛麟年輕董事長，訂下未來十年內（到 2033 年），公司的合併總營收目標，將達到 300 億元，較現在的 2023 年，再成長 3 倍之多的挑戰願景目標。他表示，公司已訂定中長期發展具體目標，將有計劃一步一步穩健、努力的向前推進。最後，曾董事長提出他的三項經營理念：

1. 領導者保持向前走的決心，永不動搖。
2. 公司要保持不斷的創新，永遠要與時俱進、推陳出新。
3. 公司要有前瞻性，要超前布局、要布局未來五年、十年的發展事業及策略。

問題研討

一、請討論葡萄王的公司簡介？

二、請討論葡萄王的二代接班，面臨哪些困難？

三、請討論葡萄王面對困境的解方是什麼？

四、請討論葡萄王自 2016 年起，大力投入 ESG 的實踐為何？

五、請討論年輕董事長面對老臣的改革作法為何？

六、請討論年輕董事長接班後，做了哪些戰功？

七、請討論年輕董事長的未來公司成長目標為何？以及他的三項經營理念為何？

八、總結來說，從此個案中，您學到什麼？

個案 23 大田精密工業公司：經營成功之道

一、公司簡介

大田精密公司主要做高爾夫及自行車配件，於 2000 年上櫃，2022 年營收 78 億，獲利 17 億，獲利率 9％；主要大客戶有：美國 PXG 高爾夫公司、日本 MIZUNO、三菱公司等。該公司董事長李孔文，於 1996 年接手該公司並擔任董事長迄今。

二、很要求品質、東西做到最好

該公司李董事長認為，只要把產品品質做好，海外客戶就會慢慢下單，交給我們做。他表示：「美國高爾夫頂級大公司 PXG，不是隨便下單的，他們會經過市調，人家看你產品做得好，才會上門來的。」

大田公司雖是代工廠，但他們很努力，一切都要求做得很好，讓客戶「信賴」他們。

大田公司有一套很好的高爾夫球頭的電腦模組軟體，可以使開發時間大幅縮短，並提升效率，使客戶有信心，有時還會主動調整更好的設計給客戶同意採用。

該公司製程有 100 ～ 200 個環節，要保持高的生產良率，關鍵之一是在保持有一群資深技術操作員工的穩定性。

此外，大田公司也導入最新自動化製造設備，可以大幅省人工，過去全部要 6,000 人員工，現在工廠只要 2,000 多人。

李董事長表示：「我們持續提升技術，交出好品質，並做到超乎客戶需求的品質，使客戶滿意度很高。」

三、自己培養技術人才

大田公司長期以來，都是自己培訓技術人才，也沒挖角過同業；高爾夫產品製程很長，有鑄造、有鍛造、有很多複合材料，我們都自己培養及訓練出我們自己的技術人才及操作人才。自己培養人才，他們的向心力就比較高，比較不會離開，技術員工穩定了，產品品質自然就能提高良率，做出真正好產品。

四、用好的薪資、獎金、福利留住好員工

李董事長表示，該公司每年提撥稅前淨利的 6.5％，做為全體員工分紅，平

均每人可以拿到 80 萬元台幣的分紅獎金，遠高於同業。

李董事長認為：「有好員工，才會有公司的存在，所以要會分享給員工，要大家共好，不要公司獨好，公司大股東也要靠員工努力，為公司及大股東創造利潤。」

大田公司很捨得給，該公司優於法令，包括：薪資、年終獎金、三節獎金、分紅獎金及各項福利。例如，中國工廠員工，提供他們免費三餐及住宿，三餐菜色也要做到員工滿意。

當員工向心力很強，工廠的效率及成果自然也會提高。

五、心存善念的經營學

李董事長認為經營者要「心存善念」，老天爺自會幫助你，然後你又不斷去幫助別人。大田公司每年員工分紅，李董事長他自己是不分配的，他只拿股東分紅部份，另外，李董事長自己的薪水也不高，令人無法想像。李董事長表示：「做董事長的，不要有私念，一切要為公、為員工好。要以心存善念，在一言一行上帶領同仁，李董事長做事受人家尊重，做出來產品品質也受人家肯定時，就會吸引更多國外大客戶及好員工人才來；公司也會生生不息、長存下去。」

六、結語：李董事長重要經營理念 6 要點

最後，歸納總結李董事長長期領導經營大田公司 20 多年的 6 項經營理念，摘示如下：

1. 利潤要共享，有員工才有公司，大家要共好才好。
2. 要降低資深技術人才流動率，善用技術老手經驗，提高產品良率。
3. 經營企業，要一直動腦筋，不論是業務或創新領域。
4. 公司經營不好，有時候不是員工、也不是幹部問題，而是老闆自己有問題，老闆自己也要反省檢討。
5. 要把自己能力變強，客戶自己就會來，做事要用心投入、用感情真心付出，讓員工、讓客戶感動，就能成功。
6. 經營企業的根本思維，就是要「永遠心存善念」，最終必得善報。

問題研討

一、請討論大田精密公司簡介？

二、請討論大田公司：「要求品質、東西做到最好」的信念及作法為何？

三、請討論大田公司自己培養技術人才的原因為何？

四、請討論大田公司如何用好的薪獎福利留住好員工？

五、請討論大田公司李董事長的「心存善念」經營學的內涵為何？

六、請討論李董事長重要經營理念 6 要點為何？

七、總結來說，從此個案中，您學到什麼？

個案 24 振鋒企業：
經營成功之道

一、公司簡介

振鋒企業成立於 1985 年，年營收 36 億，主要產品為工業起重吊鉤及鏈條配件、高空防墜安全配備；員工 450 人，董事長為洪榮德，是全球最大高空防墜吊鉤製造商，市占率 65%。

二、盲目追求高品質沒有意義，海外客戶要的是高 CP 值

振鋒企業原先是做高品質、高價位產品，但客戶不買了，說是價格太貴，買不起；客戶要的是品質好，但價格也要有競爭力、且是高 CP 值的產品。除少數特殊客製化產品，要高價位外，一般性產品，平價即可。所以，振鋒企業的產品策略，從過去「追求完美品質」，轉為「物美價廉、快進快出」即可。所謂「快進快出」，即指能滿足客戶預期的交期快與服務好即可。振鋒企業為應客戶需求，而在海外市場當地設立發貨倉庫，能快速供貨。

三、面對衝擊，不能停在原地，要多方嘗試，才能突圍

這幾年來，面對多次市場景氣及技術變化，洪董事長表示，企業經營隨時都在面對變化及衝擊，無法保證每個策略都正確；因此，必須多一點嘗試，因為若企業停在原地，肯定是不對的。因此，必須多次、積極轉型、改變、調整、應變、創新、再前進，才能儘可能突圍成功。

四、把教育訓練做好

振鋒企業洪董事長認為，人才是推動轉型要角，他在發展新事業之前，一定要找總經理、財務、人資主管討論好，沒有問題，才能展開。洪董事長說，一定要把教育訓練做好，包括各種產品學理知識，他自己也讀 EMBA，以及每個職務設計訓練藍圖。他認為，一定要把學習當為重要的企業文化一環，若能如此，在推動公司改變及轉型時，同仁才不會抗拒。

問題研討

一、請討論振鋒企業的公司簡介？

二、請討論洪董事長為何說盲目追求高品質而不具高 CP 值是沒有意義的話？

三、請討論洪董事長認為企業在面對衝擊時，應該要如何？

四、請討論洪董事長為何認為要把教育訓練做好的意涵為何？

五、總結來說，從此個案中，您學到什麼？

個案 25 光陽機車：痛失機車龍頭寶座的反省與改革策略

一、2022 年下半年，痛失龍頭寶座

在 2022 年下半年，因為三陽機車連續三年成功推出新款機車，尤其是「新迪爵 125」省油及年輕化造型，深得年輕人歡迎，使得三陽機車，反攻成功，奪下機車銷售量第一名，超越原來冠軍第一名的光陽機車，引起機車市場的震撼，因為，光陽機車已經連續 22 年，占有國內機車市場的冠軍寶座了。如今，22 年的常勝軍卻輸了第二名，自然引起財經新聞話題。迄 2023 年 3 月本個案撰寫時間為止，三陽機車的最新年度銷售量，仍贏過光陽機車，市占率達 35%，領先光陽的 27%。

二、痛失冠軍的 4 項反省原因分析

光陽機車柯勝峯董事長在分析痛失冠軍寶座的反省原因時，指出 4 點：

（一）長期得冠軍，致使心態上鬆懈

光陽機車連續 22 年冠軍，使得員工在心態上開始鬆懈了，一鬆懈，就會被超越。

（二）董事長自己的忽略

過去二年，我董事長的重心都放在電動機車的開發上，確實忽略了對燃油車的督導及關注，使得燃油車出現落後現象，今後，必須要兼顧電動車及傳統燃油車。

（三）全台經銷商的反應意見

1. 機車在設計上，比較保守、缺少創新感。
2. 光陽品牌形象有些老化，面臨中年危機。
3. 行銷廣宣上，未從消費者角度做起。
4. 新車款偏少，比三陽機車少。

（四）在內部組織、流程上，也有一些問題

三、展開內部 7 項改革與整頓

柯勝峯董事長在 2022 年底時，在發現市占率掉到第二名落後時，即從全方位展開如下 7 項改革與整頓，期能重回冠軍寶座：

（一）一口氣推出 8 款新機車

在 2023 年 3 月 13 日，舉辦大型新車款發表會，一口氣推出 8 款新燃油機車，包括：白牌明星車款 Racing Man、頂級旗艦機車 KPV Nero、耐操大地名流 iMany⋯⋯等 8 款，並邀來歌手盧廣仲、主持人 Janet 等藝人出席站台，加大宣傳效果。

（二）行銷策略上改革

在行銷廣告策略上，過去只強調車款性能，相信產品自己會說話，卻忽略與消費者溝通及產品定位，並偏重電視廣告投放。今後，將兼顧在社群媒體廣告及操作上，加強與年輕人溝通，並把每個車款定位更加清楚，電視廣告創意上，除強調性能外，也將加強與年輕人的內心感受連結。

（三）加強年輕化設計車型

在油車新款設計上，將更加年輕化造型，吸引年輕族群購買。

（四）加強對移工技術培訓

在生產線上引進移工，因他們缺乏經驗，在生產品質相對不穩定，未來將加強製造／組裝技能培訓，以確保維持光陽機車高品質形象。

（五）油車／電車營運並重兼顧

在油車／電動車兩者並重兼顧，不得忽略油車開發。

（六）找回全台經銷商信心

加速找回全台 200 多家經銷商的對光陽信心與戰鬥力。

（七）加強跨部門團隊合作

加強跨部門之間的溝通及協調，以發揮有效的團隊合作戰力。包括：設計、開發、製造、品管、採購、銷售、行銷、廣告、通路等協調合作。

四、光陽電動車展望好：8 成全台經銷商願意銷售

除燃油車重新大步出發外，光陽在電動車上的發展，也有很大突破；以往只有一成經銷商願意賣光陽電動車，但現在已提高到八成願意賣。柯勝峯董事長表示，預計在 2025 年，光陽電動車銷量將會超越電動機車第一名 Gogoro 電車。此外，光陽燃油車過去 22 年來，打造出很多、很好的資源可以供電動機車使用，雙方可以更加強彼此間的資源整合，以發揮更大競爭優勢。

五、結語：邁向油車＋電車雙料冠軍目標

柯勝峯董事長說：「光陽機車過去 22 年來，在造車工藝及設計技術上，仍

保持強大實力;在上述七大內部改革、整頓後,預計在 2024 年將可以奪回燃油車第一名寶座,以及在 2025 年將可以邁向電動機車冠軍寶座;屆時,光陽將可以獲得油車+電車的雙料冠軍。此次,燃油車市占率衰退到第二名,此種衝擊來得正是時候,也是一個當頭棒喝的好警訊。」

問題研討

一、請討論光陽機車何時痛失冠軍寶座?原因有哪些?
二、請討論光陽機車展開哪七項的內部改革與整頓?
三、請討論光陽電動車的展望如何?
四、請討論光陽機車未來邁向的目標為何?
五、總結來說,從此個案中,您學到什麼?

個案 26 東台精機：
提前 10 年看趨勢新商機，永遠走在客戶需求之前

一、公司簡介

東台精機公司創立於 1969 年，迄今已 50 多年，是台灣產品線最齊全的工具機製造公司；2023 年合併年營收額為 83 億元。該公司有 3 種不同的產品線，包括：標準機、專用機、及智慧製造機等精密機械，其所服務的客戶，包括：國防工業、航太工業、電子業及機械業等。該公司董事長為嚴瑞雄，曾擔任過公司的設計課、工廠課長、製造部副理、副總，30 多年都在現場待過。該公司目前也是全球第二大鑽孔機生產廠商。

二、從做專用機到標準機，不做 me-too 產品，要做出差異化

該公司早期，是做日本客戶的專用工具機，依照客戶需求，提供設計、製造一條龍全服務。當時，嚴瑞雄只是基層幹部，但跟著日本客戶需求一起成長，站在客戶角度，跟日本客戶做技術交流。到了 1980 年代，日本出現改用 CNC（電腦數值控制機器）趨勢，此即標準機的出現，該公司也從專用機轉向到標準機發展。

嚴董事長說：「我們不做 me-too 產品，人家做了，你只在後面仿造，來不及，你一定要走差異化，要走自己的研發及創新才會贏。」而嚴董事長以前也經常到日本書店去買有關機械及客戶產業的書來看，逼自己注意產業的變化及趨勢。

三、如何培養研判產業前景能力，以及永遠走在客戶需求之前，永遠向未來看

嚴瑞雄董事長，他說：「講市場、講策略、做設備，這些都逼著你，一定要往前看，學習日本客戶，往前看未來 10 年新趨勢及新商機，永遠走在客戶需求前面，永遠向前看、向未來看。」嚴董事長認為，做生意做事業，必須提前做好準備，等客戶來找你，你的 solution（答案）已經等在那邊。而且，也不能只看「現有的客戶」，要找「未來的客戶」，因為未來的客戶，他們的層次更高一些，這才會逼著我自己的成長，成長到更高的產業位置，這就能看得更遠，方向也就更正確。

嚴董事長認為，不一定要做最大規模的，但要做到「利基市場」，在某個領域裡，有獨到的地方，要做到技術領先及產品標竿領導。同時，他也認為，不只是看自己工具機產業，也要同時注意國內外大客戶的產業，包括：汽機車業、航太業、加工業……等發展狀況。

四、最高階領導者的特質、授權及接班人看法

　　嚴董事長表示：「最高領導者應具備兩種特質。」第一種，是要往前看，就像望遠鏡，要看得遠、站得高，掌握產業五～十年未來趨勢。第二種，是要看得細微，就像顯微鏡，有時候，對於公司重大事項，也要看一下細緻處，不要做出決策錯誤。另外，在授權方面，嚴董事長表示：最高領導者，也要授權、要放手、要給部屬舞台、要給機會，但，這要有個過程、要逐步，要培養讓部屬做決定，不要太急於授權，才不會生錯。

　　嚴董事長語重心長認為：「最高領導者的成就，就是培養出來自下一棒接班的人，比你做得更好。而且，交棒不是交給某一個人，而是交給一個 team（團隊），要培養出強大的『接班團隊』，而不是『接班一個人』。」

問題研討

一、請討論東台精機的公司簡介為何？

二、請討論東台精機為何要走差異化路線？

三、請討論嚴董事長的經營理念、經營思想為何？為何一直強調向未來十年看？

四、請討論嚴董事長對最高領導者的特質、授權及接班人看法為何？

五、總結來說，從此個案中，你學到什麼？

一、2023 年第一季業績創新高

2023 年第一季，築間餐飲集團營收達到 14.6 億，較去年同期成長 33%，創下史上新高；全年業績可望突破 60 億元，此種營收僅次於王品的 200 億元，位居第二位，領先瓦城、乾杯、胡同、漢來、欣葉、饗賓等餐飲集團。築間公司係於 2011 年成立，董事長為林楷傑，目前員工總人數超過 3,000 人。築間 2023 年第一季，業績獲得高幅度成長，主因：

1. 疫情解封，消費者大幅回復到餐廳用餐
2. 第一季多個連續假期長
3. 成立新品牌及持續拓展新店

二、學習王品，採取多品牌策略

築間也學習王品集團，採取多品牌策略。目前，旗下有 6 個品牌，大都集中在燒肉及小火鍋類：

1. 築間幸福鍋物
2. 燒肉 smile
3. 繪馬別邸燒肉
4. 有之和牛
5. 本格和牛燒肉
6. 黑毛和牛

迄至 2023 年 3 月底，築間全台計有 152 家店，預計到 2024 年 12 月底，將展店到 200 家店為止。多品牌策略的成功運用，已成為餐飲業、消費品業的常態經營模式。

三、展店策略：轉向以加盟店為主

築間的展店策略，過去十年來均以直營店為主，加盟店為輔；但是近二、三年來，為加速展店，轉向以加盟店為主，直營店為輔策略。林楷傑董事長表示，過去十年，為了控制各店品質水準及建立總部經營管理制度，所以，拓店以直營店為主力；但是近二、三年來，向總公司詢問開加盟店的個人老闆愈來愈多，所以，我們也認為時機已到，於是開放加盟店，目前各個加盟店營運狀況均良好，

有時候業績也超過直營店；可見開放加盟店，是正確的展店策略。

四、築間的經營理念

築間董事長林楷傑的經營理念，帶動著餐飲集團的成型，主要有下列 4 點：

（一）要分享利潤給加盟主及全體員工：

林董事長認為經營事業必須要有「讓利」及「分享」的觀念，也就是，只要公司每年有賺錢，就必須分享給全體員工及讓利給加盟店主。因為，他認為：全體員工及加盟店主，都在努力為公司賺錢，沒有他們，公司就不存在了；因此，一定心中要有員工、要有加盟店主的存在，並且給他們更多的利潤分享及讓利。

（二）品質是成功關鍵：

林董事長個人非常堅持高 CP 值的食材，這些海鮮、肉類、蔬菜類，一定要新鮮、好吃；絕對不用低價買進不好的魚、肉類。築間的食材成本高達 45% 的占比，比別人的 30%～35%，要高出 10%～15% 之多，但這是林董事長的堅持，也是築間的競爭優勢及差異化所在。

（三）永遠走在最前面：

林董事長認為：燒肉及火鍋類是國內餐飲業的 2 大紅海市場，競爭非常激烈；最後結果只有二種：永遠走在最前面，勇敢的存活下去；或者，被市場及顧客淘汰掉。所以，林董事長他的經營理念，就是要：「永遠走在顧客及市場需求的最前面，而能引領顧客及創造市場風潮。」

（四）追求品質、美味、高 CP 值三大原則：

第 4 個理念是，林董事長堅持，做餐飲業必須追求及做好三大原則，即：「品質＋美味＋高 CP 值」。

五、朝集團化發展，引進人才，建立制度

在 2017 年時，林董事長當時就下定決心，提早準備，朝餐飲集團規模化發展，因此，他開始做好四個準備：

1. 朝集團化發展，並開始建立集團總部組織。
2. 開始招聘集團總部各專業人才；包括：財會、資訊、人資、企劃、行銷、業務、門市拓展、法務、採購、稽核等集團總部的組織化。
3. 開始導入 ERP 資訊系統，朝向公司資訊化作業，簡化作業及提升效率。
4. 每年都培訓員工，並以儲備幹部、店長及店員為主力，做好加速展店的第一線門市店人才需求準備。

六、朝 2024 年上市櫃目標邁進

　　林董事長表示，築間公司將在 2023 年底，提出登上興櫃市場，在 2024 年底轉上櫃申請，2025 年正式成為餐飲業的新上櫃公司一員。築間成為上櫃公司後，將更加加速發展及公開透明化經營，以及回饋員工、加盟店主、及大眾股東的利潤共享。

七、未來五年成長策略

　　林董事長表示，未來五年築間的成長策略，主要有幾點：

1. 既有品牌，持續展店。
2. 每年開出 1～2 個新餐飲品牌。
3. 引進日本、韓國及東南亞新口味品牌代理。
4. 注重每個重大節慶、節令及長休假的促銷活動搭配，擴大業績。
5. 每年二次調薪及職務晉升，鼓勵員工士氣。
6. 持續加盟店拓展，並成為拓展主力所在。
7. 努力朝最終上市公司為目標，效法王品公司，成為餐飲市場第二名領導者。

問題研討

一、請討論築間 2023 年第一季業績如何？成長原因為何？

二、請討論築間的多品牌策略為何？

三、請討論築間的轉向加盟店拓店原因為何？

四、請討論築間的 4 項重要經營理念為何？

五、請討論築間朝集團化發展，做哪 4 項準備？

六、請討論築間預計上市櫃的時程如何？

七、請討論築間未來五年成長策略有哪七點？

八、總結來說，從此個案中，你學到什麼？

個案 28 雲品大飯店集團：不斷擴張版圖，帶動營收及獲利成長的創新秘訣

一、雲品大飯店營收及獲利再現成長

2022 年下半年，全球及台灣疫情解封之後，台北雲品大飯店業績大幅成長，股價也突破 100 元俱樂部。2022 年～ 2023 年全年，雲品大飯店營收及獲利大幅成長的原因有 3 個：

1. 全球疫情解封，國內／國外旅客大量回流，訂房率大幅回升到 2019 年疫情之前的 80%。
2. 2023 年 1 月份農曆春節有九天假期，也激發內需旅客。
3. 外面委託雲品管理專案業務，也快速成長。

二、雲品自身宴會量體有限，只好往外面發展業務

在 2018 年，雲品大飯店集團，僅有台北君品、南投日月潭雲品及新北頤品等 3 家大飯店，但因為宴會場所有限，必須忍痛拒絕上門訂單，合計每年的喜宴、春酒、尾牙等二千場次都推掉，只好向外發展。2019 年，成立「君品collection」品牌，發展外面委託君品去做的餐飲宴會管理顧問業務。如下接受委託業務：

- 2019 年：從淡水嘉廬招待所做起，適合 30 桌婚宴，吸引年輕人，打響名號。另外，桃園最大戶外庭園婚宴會館「皇家薇庭」，也開始委託君品來做。
- 2021 年：台中婚宴最貴宴席「蘭克斯特」也來委託。
- 2022 年：茹曦酒店及圓觀酒店均來委託。

迄至目前，「君品 collection」接受委託經營與直營宴會廳總桌數，已高達900 桌之多；總公司有 3 成獲利是來自這些外面的委託經營服務案。

三、2023 年：成立雲品國際管家學院

雲品大飯店集團在 2023 年結合旗下的：

1. 米其林三星廚藝團隊
2. TIBA 國際管家認證
3. WSET 國際侍酒師團隊

成立「雲品國際管家學院」，培訓員工，提升員工職能，希望一人能抵五人用。

四、導入：高薪打工制度

為因應內部及外部大型宴會及桌數高度變動性，故雲品大飯店給工讀生的時薪，調高到 300～400 元，是一般勞基法的 2 倍以上，以確保每場內／外部宴會人力充足，目前最高容量可做到 2600 桌大型尾牙。由於雲品集團敢給 2.5 倍的高時薪，使得大型宴會工讀生不缺乏。

五、疫情期間：不裁員、不減薪

雲品大飯店集團老闆張安平堅持 2020 年～2022 年有 2 年半疫情期間，即使沒生意做，也不裁員，也不減薪；而希望在疫情期間，多做員工的培訓，以及疫情過後的準備事宜；這使得員工多元化能力增強，以及對公司的忠誠度提升，而能更好的服務顧客，提高顧客滿意度。2023 年，疫情後，雲品集團為留住優秀人才及幹部，還主動加薪 5%～10%。

六、結語：不怕別人模仿及複製

雲品大飯店集團是全台最具有餐飲及宴會管理顧客能力的第一名五星級大飯店，未來將更加擴大委外經營管理事業版圖；另外，也將擴展到豪宅市場的委外經營。雲品集團不怕別人模仿及複製，其原因為：

1. 有自己的人才團隊
2. 具豐富經驗
3. 能夠創意提案
4. 具市場好口碑，得到業界很大信賴度

問題研討

一、請討論 2022 年～2023 年雲品大飯店集團營收及獲利大幅成長的 3 大原因為何？

二、請討論自 2019 年後，雲品接受委外宴會服務的發展情況如何？

三、請討論 2023 年雲品成立什麼學院？內容為何？

四、請討論雲品為何大型宴會及尾牙不缺大量工讀生？

五、請討論雲品老闆張安平堅持疫情期間不做什麼？

六、請討論雲品為何不怕別人模仿及複製委外服務案？

七、總結來說，從此個案中，您學到什麼？

個案 29 台灣虎航：
廉價航空成功的經營策略

一、公司簡介

　　台灣虎航，於 2014 年成立，為中華航空公司 100％轉投資子公司，它是屬於 LCC（Low Cost Carrier，低成本航空）公司，該公司又簡稱台虎公司。它定位在地區性、低價、短程，不飛歐、美長程航線的廉價航空公司，其英文品牌為「tigerair」。2018 ～ 2019 年均賺錢，2019 年上興櫃，2021 年轉創新版上市，目前股價為 43 元。台虎公司目前的亞洲地區短程航線，如下據點：

    1. 日本有 16 個據點：旭川、函館、札幌、仙台、新瀉、花卷、茨城、東京、
       名古屋、大阪、小松、岡山、福崗、佐賀、沖繩等。

    2. 韓國有 4 個據點：首爾、釜山、大邱、濟州。

    3. 其他：澳門、曼谷（泰國）、峴港（越南）、公主港（菲律賓）等。

　　台虎公司目前面對的亞洲低價、廉價航空公司，計有 4 家：

1. 新加坡：酷航航空
2. 澳洲：捷星航空
3. 日本：樂桃航空
4. 馬來西亞：Asia Air（亞洲航空）

二、2020 ～ 2021 年全球新冠疫情受創嚴重

　　台虎公司跟其他大型航空公司一樣，因為在 2020 ～ 2021 年兩年間的全球新冠疫情受創嚴重，致使 2020 年虧損 17 億元，2021 年虧損 28 億元，兩年合計虧損 45 億元，受創嚴重。但自 2022 年下半年起，全球各國逐漸解封，出國旅遊人數漸回流，2023 年起，國人赴亞洲（東北亞、東南亞）旅遊大量復甦，台虎公司經營狀況迅速復甦，開始獲利賺錢。

三、因應全球疫情的 3 個經營策略

　　台虎公司在兩年疫情期間，也不是閒著沒事做，該公司董事長陳漢銘表示，他們做了三個蓄積能量的經營策略，如下：

（一）重新檢視原有 29 條航線：

　　以日本北海道為例，過去只飛到最北的旭川及最南的函館，但現在增加中間

的新千歲，滿足北海道北、中、南全部旅程需求；果然，在 2023 年此新增航線的旅客不少。

（二）優化購票系統：

台虎公司超過 5 成旅客，平均年齡為 35 歲，有即訂即走的購票特性，因此，網路購票系統要很穩定及完整才行。因此，這兩年疫情期間，台虎公司強化結合：訂票＋訂房＋旅遊保險＋租車等四項，一鍵滿足旅客需求，此項號稱：台灣虎航的「空中複合式商城」功能，頗受好評。

（三）提升機上「食的滿足體驗」：

由於現在對廉價航空機上享受餐點需求及期待升高，所以台虎也與台北名店及米其林星級餐廳合作，提供聯名套餐，也受到旅客肯定及滿意。

四、疫後致勝方程式：票價＋服務

陳漢銘董事長認為：「票價＋服務」，是 2022 年下半年及 2023 年疫後航空商機大爆發的致勝關鍵；尤其，2023 年 1 月份的九天春節過年假期、2023 年 4 月份五天掃墓節春假期間，桃園機場都擠滿了出國人潮，帶來航空業剛性需求大爆發商機。

（一）票價：

台虎機票是「裸賣」概念，即不含行李托運及機上選位服務，旅客可以更精打細算，排除不需要的付費服務，但，如果有行李托運需求，可採計重不計量，亦即以 30 公斤為計算，不論多少件行李。此外，在票價方面，如果是旅行社的團體或公司行號福委會的團體來訂票，票價均有折扣優惠，比華航及長榮兩大航空的票價，更加便宜不少。

（二）服務：

台虎航空購買新機，在機上軟硬體設備上，也與時俱進，每個座位均配有手機充電插槽及平板擺放架，保有高 CP 值優勢。此外，到 2027 年，台虎公司將完成 15 架 A320 neo 航機汰換，屆時，台虎 13 歲了，但機隊平均年齡僅 3.5 歲，可確保飛行安全及信任感。透過軟硬體升級，台虎雖低價，但服務品質不低廉，以確保旅客的黏著度。

五、擴張延伸東南亞航線市場

陳漢銘董事長表示，過去台虎航空以東北亞的日本、韓國旅遊市場為主力；現在，國人前往東南亞國家的旅遊市場及商務市場，反而有成長趨勢。例如，越南峴港、富國島、胡志明市及泰國普吉島等，均是值得拓展的新航線。

六、總結：未來五大營運策略重點

總結來說，2023 年起將迎來東北亞及東南亞旅遊市場的復甦及成長期，未來台虎航空將秉持五大營運策略重點，以創造更好的營運績效，如下五點：

（一）確保 100% 飛安安全：

加強機隊硬體的不斷革新替代，以確保 100% 的飛行安全，不容有 1% 的飛安疏失。這是最根本的。

（二）提升服務高品質：

不斷提升軟體及服務高品質，帶給顧客高滿意度。

（三）持續開拓地區新航線：

持續開拓東北亞及東南亞區域性更綿密航線據點，滿足更多分眾及小眾旅遊顧客的需求及期待。

（四）提供超 CP 值票價：

持續提供超值、超優惠票價，確保顧客心中對台灣虎航的高 CP 值感受價值。

（五）累積品牌信任度：

持續累積台灣虎航的可信任度、可信賴度及好口碑的品牌形象資產。

問題研討

一、請討論台灣虎航公司簡介？

二、請討論台灣虎航面臨 2020 ～ 2021 年全球新冠疫情的狀況如何？以及台灣虎航如何因應的 3 個策略？

三、請討論陳漢銘董事長認為疫後致勝方程式有兩大重點為何？

四、請討論台灣虎航未來將擴展那些新航線？

五、請討論台灣虎航未來五大營運策略重點為何？

六、總結來說，從此個案中，您學到什麼？

個案 30 正新輪胎：
如何走出谷底之經營策略

一、公司簡介

　　正新輪胎成立已經 56 年，是台灣最大輪胎製造商，全球第 10 大公司。該公司於 1989 年赴中國廈門設廠，目前，全球計有 11 個工廠，包括：台灣、中國、印度、泰國、越南、印尼等國。銷售地區，計有全球五大洲、180 個國家，分別以「瑪吉斯」（MAXXIS）、正新及倍力佳等 3 個品牌，在不同市場銷售。在各國銷售占比方面，如下：中國：占 51.6%，美洲：占 14%、亞太地區：占 15%，台灣：占 7%，歐洲：占 7%，中東及非洲：占 7%。正新公司在 2013 年的年營收額達到 1330 億元高峰，獲利 185 億元；而後逐年下滑，到 2022 年營收額為 986 億元。

二、營運遇到逆風因素

　　自 2014 年到 2022 年，正新輪胎年營收及獲利均逐年下滑，主要是在營運上遇到不利因素：

1. 中國本土輪胎廠削價競爭，而中國又為正新最大市場，營收受影響很大；中國本土輪胎廠都在拼低價銷售，正新也不得不跟進。
2. 進口原料成本大增，也使得正新輪胎獲利大受影響。
3. 美國對中國出口輪胎課徵反傾銷稅。
4. 2018 年開始，美中貿易戰受影響。
5. 2020 ～ 2021 遇全球新冠疫情，全球輪胎市場有些許衰退。

三、因應改革對策

　　2020 年，正新公司的董事長職位傳給該公司創辦人的二女婿陳榮華擔任；他上任時表示：「產業變動太快，要隨時調整及應變才行。」陳榮華在接任董事長之後，採取了三大改革對策：

（一）改善財務體質：

　　陳董事長開始放慢該公司在全球 11 大生產工廠的資本支出，全且全力降低負債比，從過去高峯時的 54%，降到現在的 42%，大幅改善財務結構，減少利息支出及現流狀況也改善，避免全球市場景氣衰退時的公司銀彈資金能力。

（二）縮減產品線及優化產品組合：

正新開始縮減不能賺錢及過多的產品線，集中資源在主力有賺錢的產品線，做好產品組合的優化及正確選擇。

（三）提升瑪吉斯（MAXXIS）企業文化理念：

正新公司 56 年來，再次要求全體員工及全球員工，對該公司、該品牌的企業文化理念：堅持 100％品質、堅定 100％服務、達到 100％信賴。

四、改革成果

陳榮華董事長經過三年來的改革策略，已得到下列 4 點成果：

1. 大幅改革財務結構及財務體質，降低負債比過高，做好「財務穩健」目標。

2. 分散市場；中國市場銷售占比，已從 51％下降到 45％，減少對中國市場過度依賴，因為中國市場面臨低價競爭，獲利大幅減少。

3. 成功打進歐洲德國高級轎車 BMW 品牌的正廠輪胎供應廠商。此代表正新的輪胎品質獲得更高信任及肯定。

   正新輪胎現在客戶，以中國汽車廠客戶占多數，如今能打進德國 BMW 高級車，算是好消息。

4. 越南廠及泰國廠，現在也都開始賺錢了。

五、結語：持續高值化

總結來說，陳榮華董事長表示：「自 2014 年營運低谷以來，自 2022 年全球疫情解封之後，正新的經營已逐漸迎向光明，而持續高值化（高附加價值化），則是唯一能勝出的大方向。」

問題研討

一、請討論正新輪胎公司簡介？

二、請討論正新公司在營運上遇到的 5 項逆風因素為何？

三、請討論正新公司的 3 大因應改革對策為何？

四、請討論正新公司的改革成果有那些？

五、請討論陳榮華董事長對未來能夠勝出的一個大方向為何？

六、總結來說，從此個案中，您學到什麼？

一、公司簡介

SOGO 百貨為國內第三大百貨公司，2022 年營收額為 480 億元，僅次於新光三越的 880 億元及遠東百貨的 550 億元。SOGO 百貨全台有七個館，分別是：台北忠孝館、復興館、敦化館、天母館、桃園中壢館、高雄館、新竹館等，2023 年底又開幕台北大巨蛋館，全台計 8 個館；加上中國有 3 個館，包括上海館、重慶館、大連館；總計，SOGO 百貨在兩岸 11 個大館。台北 SOGO 三個館的年營收額，分別是：台北復興館 170 億，台北忠孝館 110 億，台北敦化館 30 億。

二、SOGO 台北大巨蛋館展開營運

SOGO 百貨又租下台北大巨蛋館營運，商場面積達 3.6 萬坪，是台北市面積最大的百貨公司；它不僅是購物中心，更是一個生活聚落；它包含著：購物、餐飲、娛樂、親子、運動、有趣、文化、書店等，打造一個可玩一整天的生活場域；地下計有 2,200 個汽車及 3,800 個機車停車位。SOGO 百貨大巨蛋館又與東區的忠孝館及復興館連結在一起；與台北信義區百貨商圈，形成台北市最大的兩個百貨商圈。SOGO 百貨大巨蛋館又稱為「SOGO City」。

三、SOGO 保持永續成長的 12 個經營策略

SOGO 百貨已有 30 多年歷史，它始終能保持不錯與穩定的業績表現，主要是秉持著以下 12 個重要經營策略：

（一）定期改裝策略：

SOGO 百貨忠孝館在 2022 年進行一樓化妝區專櫃區及 B2 超市的裝潢更新，投入 3 億元改裝工程，形成更明亮、更流行的空間體驗。另外，SOGO 百貨每年也會定期更換舊專櫃，引進新專櫃，以保持它的與時俱進精神，以及保持新鮮感。

（二）增加餐飲占比策略：

最近幾年來，百貨公司餐飲化趨勢十分明顯，很多新的百貨公司及購物中心，都把餐飲占比拉高到占 30％ 及 40％ 之高，因為餐飲的生意很好。現在，台北市各大百貨公司餐飲生意也快速高升到第一名的業種，第二名是化妝保養品，

第三名是名牌精品類。SOGO 百貨近幾年來，也努力拉高餐飲占比，成功爭取年輕人到百貨公司來消費。

（三）承租台北大巨蛋館策略：

SOGO 百貨成功爭取到台北大巨蛋館已在 2023 年底展開營運，此館每年可為 SOGO 百貨帶來 100 億營收，再加上原有的 480 億營收，合計變成 580 億營收，成為國內第 2 大百貨公司，此策略算是極為成功的。

（四）深耕會員策略：

SOGO 百貨營運 30 多年來，已有一群很死忠、高忠誠度的一批主顧客群及會員；這些主顧客群，每年為 SOGO 百貨年營收額帶來占 80％高比例的貢獻度，是極其重要的一批主顧客及會員。

（五）擴張年輕客群策略：

主顧客群老化，是 SOGO 百貨一個很大的不利問題點，因為 SOGO 百貨忠孝館已創立 36 年了，36 年來，這些當年才 30 ～ 40 歲的主顧客群，如今都已經 60 ～ 70 歲了，因此，SOGO 百貨台北忠孝館極須引進年輕客群，以為替補。SOGO 百貨採取的策略，主要有：

1. 增加餐飲占比，有效拓增年輕人到百貨公司來。
2. 增加年輕人喜歡及有需求的新專櫃進來，帶動年輕人到百貨公司來。
3. 定期改裝、新裝潢，吸引年輕族群。
4. 增加數位化工具，例如推出 SOGO App 應用，SOGO 線上商城，以及增加官方粉絲團小編與粉絲們的互動性。

（六）辦好節慶、節令促銷檔期活動，達成業績目標策略：

每年的各種節慶、節令的促銷檔期推出，對百貨公司的業績目標達成，都是非常重要的。例如，年底週年慶一個促銷檔期，就占百貨公司年營收的 25％～30％之高，非常重要。再如，每年 5 月的母親節（媽媽節）、每年 1 月的過年春節、以及聖誕節、中秋節、端午節、情人節……等節慶，也都是很重要的促銷檔期。此時，SOGO 百貨公司也會端出最優惠折扣的價格、最專屬的產品、以及各種來店禮、滿額贈、滿萬送千、刷卡禮、紅利點數加倍送等措施，以創造更大的業績檔期。

（七）禮遇 VIP 貴賓策略：

SOGO 百貨每年刷卡 30 萬元以上消費額的顧客，都可以申請成為 VIP 貴賓，目前，已有 3,000 多人，這一批人也算是 SOGO 百貨很重要的、貢獻度高的一

批貴客。SOGO 百貨每年也針對這一批貴客，給予更多的禮遇及優惠對待，希望，長期每年都能留住這 3,000 多人貴客。

（八）深化服務品質策略：

SOGO 百貨的服務品質一向是做得很好的，包括：電梯小姐、專櫃小姐、樓管人員、及服務中心人員等，都有受過訓練及工作要求的，所以能夠確保一流的服務品質，顧客的滿意度也是很高的。未來，仍將持續深化服務品質，做到台北最佳服務的百貨公司。

（九）重視坪效策略：

台北 SOGO 忠孝館是全台坪效最高的百貨公司，在對面的復興館是坪效第二高的百貨公司；坪效代表了一家百貨公司的經營績效，坪效愈高，代表每坪所創造出來的業績營收就更高，此亦顯示，SOGO 百貨公司對每個樓層、每個專櫃、每個餐廳、每個美食街的要求水準都是很高的，每個櫃位，都一定要有價值存在、有顧客的需求存在，才能繼續留存下去。能夠重視坪效，就表示能注意到任何一個地方存在的效益好不好、高不高了，此策略當然非常重要。

（十）全體員工思維革新策略：

SOGO 百貨黃晴雯董事長認為，已經 36 年多的 SOGO 百貨公司，最急迫須要改革及革新的，就是員工的思維、思想。她認為員工絕對不能守舊、保守、官僚、不改革、一直走老路、走舊路、走老化思想，一定要從員工的思維上、想法上，徹底改革、改變、革新及創新才行。尤其，百貨公司是走在時代最前端、最時尚、最新穎，最引領消費潮流的行業，更必須擁有與時俱進、不斷求進步、不斷創新的新思維及新作為才能長久存活下去。

（十一）永保危機意識及居安思危：

企業經營最怕的就是在成功的時候，太過放鬆、鬆懈、驕傲、自大、目中無人、怠惰、不求進步等狀況發生；因此，任何行業及百貨公司也是一樣，必須「永保危機意識」及「居安思危」，如此，就不會鬆懈及自大了，就會持續性保有競競業業的心態，追求每一天的進步及再進步，領先再領先。

（十二）邁向 ESG 永續企業經營：

在全台所有百貨公司中，SOGO 百貨是最用心去實踐 ESG 永續企業的經營的。這包括：E（環境保護、減碳、減廢、綠色企業）；S（社會關懷、弱勢救助、回饋本土）；G（公司治理、透明正派經營）。

四、經營理念

SOGO 百貨在其官網上面，揭示了 4 項它的經營理念：

1. 高品味、高格調
2. 產品豐富、氣氛明朗
3. 親切體貼、安全舒適
4. 正派誠懇、值得信賴

五、SOGO 的永續關鍵 6 力

黃晴雯董事長指出，SOGO 百貨所堅持的永續關鍵 6 力：

1. 創新經營力
2. 優質商品力
3. 感動服務力
4. 幸福職場力
5. 關懷平台力
6. 永續環境力

問題研討

一、請討論 SOGO 百貨公司之簡介？

二、請討論 SOGO 百貨台北大巨蛋館之營運狀況？

三、請討論 SOGO 百貨保持永續成長的 12 個經營策略為何？

四、請討論 SOGO 百貨的永續關鍵 6 力為何？

五、總結來說，從此個案中，您學到什麼？

個案 32 三陽機車：
從市場老三逆轉勝，成為機車龍頭第一名的經營創新成果

一、2022 年榮登機車銷售冠軍

2014 年，吳清源先生拿下三陽公司經營權，擔任董事長。每天朝七晚七 12 小時努力上班，做給部屬看。經過八年努力，2022 年，三陽（SYM）機車在台灣賣出 25.5 萬輛機車，市占率為 35％，領先光陽機車的 28％，讓連續 22 年冠軍的光陽下滑到第 2 名。1954 年成立的三陽公司，在進入 21 世紀之後，營運出現疲態，落後光陽、山葉，屈居市場第三。2014 年，吳清源取得三陽公司經營權，但當時的三陽公司滿目瘡痍，機車品質出問題、維修頻率高，維修零件品質也不佳；而經銷商末端庫存爆滿，賣不出去，怨聲載道。

二、吳董事長展開一連串改革

吳清源董事長就任後，展開一連串改革：
1. 整合引擎與車架平台。
2. 大幅減少車款種類，降低生產複雜度。
3. 加強生產線品質管理，強化品質是基本功。
4. 加強維修零件自我生產，改善零件品質。
5. 穩住及鞏固對第一線打拼的經銷商，並給他們合理的銷售利潤。
6. 改革、改變機車車型風格，搶回流失已久的年輕消費者。例如：三陽推出「新迪爵 125」新車型，受到年輕人歡迎，成為第一名暢銷機車。

三、車型設計團隊成功出擊

吳清源董事長的 33 歲年輕兒子吳奕成，擔任三陽機車產品經理，帶領車型設計團隊；從品牌價值、製造、市場行銷一條龍作業，並從消費者行為及需求，回推他們應該做怎樣的產品及技術。「新迪爵 125」改良款，有跟日本廠合作的雙火星塞新科技，可以節省油耗，加上加大的機車坐墊及置物空間，真正打中消費者的心。所以，「車型年輕化」可說是三陽機車成功的因素之一。

四、三陽機車外銷貢獻 3 成營收

三陽機車在 2022 年度，海外營收達 168 億，年成長率 25％，占全公司 3 成營收。關鍵在中國廈門廠及越南廠，中國廈門廠主要供應中國市場，越南廠則

供應東南亞、中東及歐洲市場。

五、面對 2 個問題點

三陽公司如今面對 2 個問題點：

（一）競爭對手反攻：

光陽機車在 2023 年 3 月，一口氣發表八款新車上市，意圖在 2024 年奪回台灣機車龍頭寶座，看來，三陽與光陽機車在台灣市場的競爭，將日益激烈，三陽必須更加努力，才能守住第一名寶座。

（二）電動車推出慢：

台灣已訂定在 2040 年不能再賣燃油車，三陽機車在 2023 年 8 月才推出第一款電動機車，已落後光陽及 Gogoro 電動機車推出三年時間。三陽電動機車是與中油公司的電池系統合作，消費者買不買單，仍須觀察。

六、三陽未來目標與經營理念

三陽公司董事長吳清源表示，目前該公司內外銷機車計 60 萬輛，未來目標希望能增加到 80 萬輛之多，繼續再成長 30%之多。另外，吳董事長他的經營理念，就是：「如果不想把它經營好，就不要進來；既然進來了，就要把公司照顧好、做好它。」吳董事長又表示：「只有用心＋有心＋認真，才能帶領企業走出新路。」

問題研討

一、請討論三陽公司榮登國內機車銷售龍頭的狀況如何？
二、請討論三陽吳清源董事長展開一連串改革的內容為何？
三、請討論三陽車型設計團隊如何成功出擊？
四、請討論三陽機車海外收入占多少？主要有那二個海外工廠？
五、請討論三陽機車面對那 2 個問題點？
六、請討論三陽未來銷售目標為何？吳董事長的經營理念又為何？

個案 33 台達電：
10年練出3大事業群，公司市值成長3倍

一、看見公司成長的天花板

台達電公司年年投入營收的8%做為研發預算，經歷無數個新事業打掉重練的過程，到2017年才正式重整為3大事業群，即：1. 電動車 2. 自動化 3. 能源基礎設施。自2012年，鄭平接任執行長以來，台達電公司市值從2,100億成長到7,000億，成長超過3倍；2021年總營收為2,826億元，稅後淨利為254億，EPS為9.8元，皆創下歷史新高。鄭平執行長回憶2009年時，是台達電40多年來首次營收負成長，面對前所未有的危機，集團先後檢討外在環境及內部績效，發現既有的電源零組件及風扇等主力產品線，仍維持極高市占率，亦即，他已經看到成長的極限天花板，因此，發展新事業已成為唯一的出路及解方。

二、每年拿1%營收額，投資新事業

鄭平執行長的下一步，就是成立新事業發展辦公室（NBD, New Business Development），固定拿年營收額1%投注在新事業。以電動車產業為例，早在2008年美國Tesla（特斯拉）推出第一款電動車型時，該公司創辦人鄭崇華即嗅到新商機，開始建立電動車馬達、電源等新事業單位。目前，電動車營收已占總營收5%，約年收140億元，放眼全球各大車廠，例如特斯拉、通用（GM）、福特（Ford）等，都是台達電的客戶，而在電動車用零件市占約5%，穩坐龍頭寶座。

三、新事業初期會虧錢，要給它發展時間

不過，在新事業上軌道之前，鄭平執行長表示：「新單位一定會虧錢，但你要給他時間發展，如何評估效益、激勵員工及停損點等，都是挑戰。」既有事業談的是每年營收及獲利成長，反觀新事業能力不足，看重的是研發進程、產品測試及客戶的接受程度。新事業講求的是學到了什麼、改進了那些面向，這樣花費時間至少5～6年，才能逐步累積市場經驗，慢慢擴大營收規模。鄭平執行長認為：「你必須教育既有事業單位，必須拿錢出來養新單位，如此，公司茁壯，你才有發揮的價值。」

四、靠併購快速擴大版圖

新事業逐步發展起來之後，如何快速成長？鄭平執行長給的答案很直覺：「靠併購。」自 2016 年起，台達電啟動一連串的併購，包括：樓宇自動化廠商 Delta Control 與 LOYTEC、安全監控大廠晶睿通訊、泰達電、LED 照明品牌 Amerlux、影像監控廠商 March Network……等。透過上述併購可以補強自身的弱點，並且快速成長壯大。

五、未來，很多事還沒做完

台達電在 2021 年已經經營滿 50 週年；現階段，台達電的策略方向底定，接下來的目標是再精進全球五大區的在地化經營能力；基於不同場域，應用的模式及技術都不同，如何從 Core System（總部）延伸到 region（地區），台達電還有很多成長空間，還有很多事情及成長發展還沒做完。

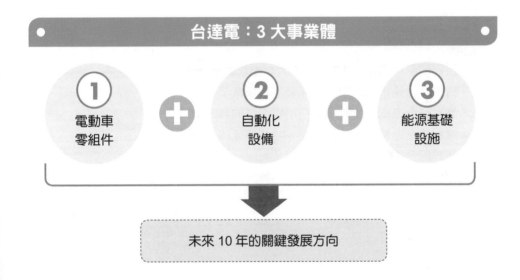

台達電：3 大事業體

① 電動車零組件 ＋ ② 自動化設備 ＋ ③ 能源基礎設施

未來 10 年的關鍵發展方向

台達電：靠併購快速擴大版圖

1 靠併購壯大事業版圖

＋

2 每年拿 1% 營收，
投資新事業開發

追求企業再成長、
持續成長

問題研討

一、請討論台達電未來 10 年的 3 大事業群為何？

二、請討論台達電為何以及如何發展新事業？

三、請討論台達電面臨新事業初期會虧錢的看法如何？

四、請討論台達電認為要靠什麼，才能快速擴大版圖？

五、請討論台達電未來的發展為何？

六、總結來說，從此個案中，您學到什麼？

個案 34 緯穎科技公司：
雲端伺服器的創新領航者

一、公司簡介

緯穎公司於 2012 年成立，為緯創旗下子公司；主要產品為原廠直銷（ODM direct）的伺服器（server），客戶包括臉書（Facebook）、微軟（Microsoft）等雲端服務供應商。2017 年興櫃，2019 年轉上市，2021 年營收高達 2,000 億，EPS 為 49 元，均創下歷史新高。2012 年，原在緯創公司擔任雲端事業總部總經理的洪麗寗，率隊自創成立緯穎科技公司，直接幫用戶端設計需要的伺服器。

二、把專注做好

洪麗寗執行長表示：「我們剛成立時的主要客戶是臉書（Facebook），到現在幾乎主要的雲端服務供應商，像微軟等都有接到訂單。我覺得『專一』可能是我們的優勢與長處。台灣做代工，常常面臨很多誘惑，這也想做、那也想做，或是只做一件事就很緊張。我們選擇把一開始相信的事情，專注做好，現在看起來這樣的選擇是對的，如今，在雲端產業有我們應得的位置。」

三、面對大客戶的好處

緯穎早期跟臉書往來，對方都是頂尖名校的聰明人，開會問我們工程師，為什麼產品這樣做，工程師如果回答照經驗做，沒辦法分析為什麼這樣做最好，就會被打回票；這條學習的路，對台灣工程師來說是長的，也是很好的機會。直接面對大客戶另一個好處，要設計出好硬體，得去猜未來二年後的規格、產品能不能與未來軟體相容，這需要有認識的門路，帶你了解未來可能的技術、應用是什麼，這二端結合好，才端得出一道好菜。

四、探索先進技術

洪執行長現在能給同仁的是方向，就是技術面持續努力。她表示：「我們總經理以前是技術長，對這件事很執著，天天在想要有更領先、更值得發展的技術，找到 control point（控制點），才能勾得住美國大客戶。」例如：三年前，就投入浸沒式冷卻技術的研發，把伺服器泡在液體裡散熱，這部分我們走得算早，近期也與微軟合作，在他們的資料中心導入相關技術。

五、持續學習讓自己及公司成長的事

　　洪執行長表示：「可能是我的個性使然，做業務每年業績都歸零，我每次爬到一個高峰，就想重新挑戰。當初組緯穎公司團隊的時候，我需要的是勇敢嘗試新東西的人，因為新事業要成長，需要能多工、什麼都願意學的人，我一直相信有「意願」（willingness）就會有「能力」（capability）。轉換職務，當然會被修理，但有意願被修理，就會去學習、累積能量，有一天就學會了。你想做到多好，你的本事就會有多大。」

六、持續尋找新動能

　　洪執行長認為，現在公司的成績也還沒大到很多事不能做，所以還是持續尋找新動能。像 5G 及邊緣運算，運算中心可能設在介於資料中心與應用端之間，需要更靠近使用者、了解應用場景，在行銷、及市場端均需要熟悉應用的人去賣這些產品。但我們態度一樣是用清楚的頭腦，選擇對的市場，然後做區隔。

七、受客戶肯定的 3 件事

　　洪執行長認為公司能受到國外客戶肯定，可歸因於 3 件事：

1. 須專注於核心事情。這個專注是很被這個產業的客戶所肯定。
2. 對於研發能力的掌握。很早就知道你要做什麼產品，知道技術未來會往那裡去，你也能執行那個技術。
3. 就是產品做得出來，而且有品質的交付。

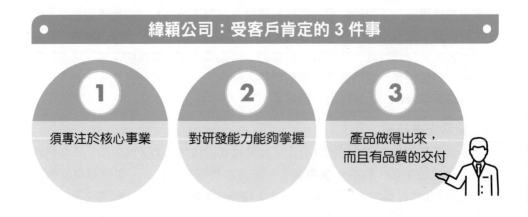

緯穎公司：受客戶肯定的 3 件事

1 須專注於核心事業

2 對研發能力能夠掌握

3 產品做得出來，而且有品質的交付

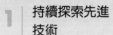

緯穎公司：探索先進技術

1 持續探索先進技術 **+** **2** 持續尋找未來成長動能

使公司營收及獲利持續升高

問題研討

一、請討論緯穎公司簡介？

二、請討論把專注做好之意涵？

三、請討論面對大客戶的好處為何？

四、請討論持續學習讓自己及公司成長的意涵？

五、請討論緯穎公司受客戶肯定的 3 件事？

六、總結來説，從此個案中，您學到什麼？

個案 35 玉晶光電：
台灣第二大手機鏡頭公司出頭天

一、玉晶光電公司簡介

　　成立超過 30 年的台灣本土光學鏡頭公司的玉晶光電公司作風低調，法說會一年只辦一次，每當公司名字見諸媒體，總免不了會和同業一哥的大立光被拿來比較。2020 年，全球智慧型手機鏡頭出貨量，分居第一、第二名的台灣大立光公司及中國舜宇光電公司，市占率各約 30～35%，排名第三的玉晶光電，市占率為 13%。然而，回顧 2020 年，大立光的年營收及淨利均告衰退，但玉晶光電營收卻高達 159 億元，年增 32%，創下歷史新高；而獲利也高達 30 億元，寫下歷史新紀錄。

二、光電老二趁勢崛起

　　蘋果高階手機鏡頭，過去一向由大立光公司獨占，但二年前蘋果公司推出 iPhone 11 時，玉晶光電的 6P 鏡頭（一顆鏡頭使用 6 片塑膠鏡片堆疊而起）獲得 Apple 公司的認可及採用，首度打入蘋果供應鏈。2022 年，iPhone 12 開始採用玉晶光電的 7P 鏡頭，使得玉晶光電地位躍升，與大立光公司一樣都成了 iPhone 手機鏡頭的主力供應商。

　　當市面上最高階的鏡頭結構已經走向 8P，但 iPhone 12 仍採用 7P 鏡頭為主，不急著用最先進 8P 的硬體，反倒靠處理器效能與軟體運算，讓拍照達到最高效能。這一決策也成了玉晶光電公司迎頭趕上產業一哥的關鍵轉折點。台新投顧分析師張益堅表示：「8P 只有大立光公司能做，但蘋果若不採用，大立光就沒優勢。但如果是 7P 鏡頭，過這麼多年，玉晶光電已經在技術上追上來了。儘管大立光的產品良率最高，但對蘋果來說，當可選擇的供應商愈多，可議價空間就愈大。」已成功打入蘋果供應鏈的玉晶光電及中國舜宇光電，在未來可望逐步提升對蘋果供貨的占比。

三、衝良率、擴產能，向競爭者展示決心

　　在 2020 年 11 月法說會上談及玉晶光電近年表現，該公司總經理郭英理歸功於公司的「工匠精神」，即：「專注在研發上，提升基本功，滿足市場規格，好好把品質做好。任何行業都有新的競爭者會加入，我們能做的，就是提升技術及良率。」在玉晶光電公司的發展策略中，未來成長動能為：1. 來自於提升不同

客戶供應鏈中的市占率，2. 並增加更多元化的產品組合。

2021 年 2 月，玉晶光電的董事會中，通過資本支出預算 20 億元，以購買供營運使用的重大機器設備及廠務設備，進行產能擴充、製程精進及設備汰舊換新，以因應公司未來營運發展；此意味告訴競爭同業，玉晶光電與蘋果的下一個合作仍很順利。除非技術開始落後，玉晶光電在蘋果供應鏈中的地位應該會一直加深。玉晶光電目前在中國及美國客戶比例為 3:7，未來應往 4:6 邁進。

未來玉晶光電的高階蘋果手機鏡頭訂單比重，有機會維持在 30%，而低階維持在 50%。此後，大立光及玉晶光電在蘋果手機鏡頭供應角力戰中，逐步走向分庭抗禮。

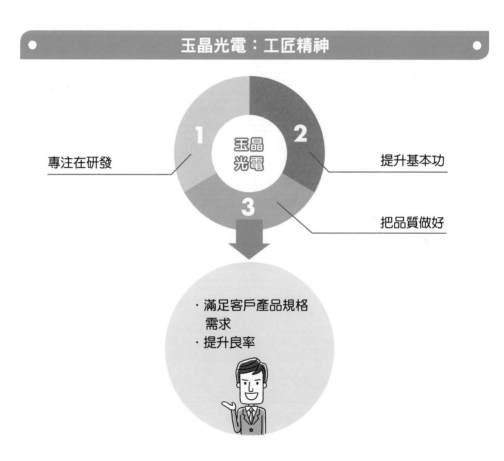

玉晶光電：工匠精神

玉晶光電

1 專注在研發

2 提升基本功

3 把品質做好

· 滿足客戶產品規格需求
· 提升良率

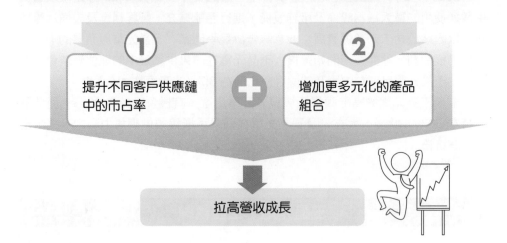

玉晶光電：未來成長動能

① 提升不同客戶供應鏈中的市占率

➕

② 增加更多元化的產品組合

拉高營收成長

問題研討

一、請討論玉晶光電在 2020 年營收得以成長的原因為何？

二、請討論玉晶光電的工匠精神三項目為何？

三、請討論玉晶光電未來拉升營收成長的二項動能為何？

四、總結來說，從此個案中，您學到什麼？

個案 36 台畜：
營收翻倍成長的經營創新策略

一、八年業績翻倍成長

　　台畜（台灣農畜產工業公司）現由家族第 3 代張嵐欣、張可欣、張華欣三人共同經營，當家短短八年後，公司年營收就從 13.3 億元，大幅成長到 37.5 億元，整體成長 200％。不但賣肉賣出好成績，2021 年還加緊腳步，投資四千萬元在屏東農科園區蓋廠，生產植物肉，希望客群年齡可以更年輕，台畜品牌形象更年輕。

二、2 個成長策略

　　雖然台畜 50 多年來都做食品加工生意，主力是火腿產品，但讓它近幾年營收大幅成長的關鍵是第 3 代積極迎向新世代消費者需求，產品思考更年輕化。台畜公司以前只賣肉品原料，硬碰硬，現在第 3 代做深加工，它就有自己市場，即把肉切得更細、再調理、煙燻，把附加價值再加上去，不容易掉進比價戰。

策略 1：把既有業務做得更細緻

　　該公司從早期偏重熟品加工，八年前開始深耕生鮮分切，在各通路推出冷藏肉產品。過去消費者認為市場買的溫體豬才好吃，低溫肉品銷量偏低，但台畜發現，年輕人需要你幫忙處理好，去筋膜很費工，剁排骨也是挑戰。因而開賣「冷藏包裝肉」，經細部分切後，顧客更方便料理；而在通路供貨多樣、排面也擴大了。特別是疫情期間，消費者少去傳統市場，更讓它受惠，生鮮肉品以前賣不到 10 億，現在一年有 18 億之多。顯示此策略的成功。

策略 2：開發出領先同業的產品

　　2016 年，該公司姐弟一起赴日考察，發現當地很流行「即食雞胸肉」，這讓該公司隔年即推出全台第一款在超商販售的即食雞胸，做它擅長的煙燻風味，年銷售破百萬包；短短四年，雞肉產品已占年營收超過一成。

三、再跨足植物肉

　　2021 年，台畜再跨足植物肉，仍是立基於加工優勢的思考。五年前，張嵐欣在英國倫敦被朋友帶著吃未來肉；同一時間，住在美國紐約的張可欣，也注意到蔬食餐廳越來越多，身邊友人是為了健康而吃。台畜已打進台灣九成通路，做植物肉是一個多的新選擇，提供給這方面的消費者及通路商。

負責台畜植物肉品牌「一植肉」的設計及行銷的張可欣表示，她想鎖定年輕、彈性素客群，定位在比進口品牌便宜一點，算是中間偏高些。為了吸引年輕客群，張可欣選用清爽的銘綠色系，設計成茶葉密封罐樣式，與傳統袋裝素肉鬆區隔。目前素肉鬆禮盒已打進統一超商供應鏈，走進年輕客群為主的通路。

四、結語

老店走出新生命，背後是上一代奠基的技術力，並放手讓新一代發揮。第 3 代姐弟面向年輕人的市場，用年輕人的方式打仗，正是這家老牌子走向下一個五十年所展現的活力。

台畜肉品：2 個成長策略

1
___
把既有業務做得更細緻

2
___
開發出領先同業的產品

營收從 13.3 億成長到 37.5 億，成長率 200%

台畜肉品：跨進植物肉

 跨進植物肉產品

迎合時代及市場新需求

問題研討

一、請討論台畜公司近八年來，營收成長 200% 的二個策略為何？

二、請討論台畜公司跨入植物肉的原因為何？

三、總結來說，從此個案中，您學到什麼？

個案 37 和泰汽車：
最大汽車代理公司的策略創新發展史

一、75 年成立歷史，市值創新高

在 2022 年 2 月時，國內汽車銷售市占率 30% 的和泰汽車（TOYOTA），其上市股價創下 760 元，年營收超過 2,300 億元，企業總市值超過 3,300 億，75 年成立歷史，公司成績達到最高峰。

二、從銷售汽車，轉向到以「人的移動」為核心的移動服務

早在 2018 年時，日本豐田汽車董事長豐田章男，在 CES 論壇上坦言，汽車業正遭遇百年來最大危機，他表示：「我們的競爭對手不再只是汽車製造同業，而是 Google、蘋果，甚至是 Facebook！」豐田董事長當場宣布，豐田將從汽車公司轉型為移動出行公司。

台灣 TOYOTA 代理商和泰汽車公司總經理蘇純興直言：「這是警訊。」當母廠不再賣車，台灣代理商該何去何從？於是，和泰汽車緊急啟動應變計劃，在 2019 年成立 MaaS（Mobility as a Service）先進策略本部，開始跨足：汽機車共享服務、計程車派遣 yoxi 服務，進軍六都，突破百萬會員，現在還要推出和泰幫及和泰商城，往移動服務生態圈挺進。蘇純興總經理表示，以 MaaS 為核心成立的新事業 MaaS 先進策略部，將扮演集團轉型關鍵，未來會是集團的第二大部門。

三、和泰汽車成立 75 年歷史發展

和泰汽車前身為「和泰商行」，於 1947 年由黃烈火成立。1949 年，成功爭取豐田汽車於二戰後的首張海外代理。1959 年，黃家引進姻親蘇家投資入股 25%，和泰汽車改組，蘇燕輝任總經理。雖然連年締造 TOYOTA 在台銷售佳績，然而，無法掌控汽車上游產製，危機感油然而生，讓蘇燕輝積極布局豐田公司來台生產製造。

未料，1977 年一紙突如其來的禁令，小客車禁止進口，讓成立 30 年的和泰汽車迎來首次危機，不得不裁員縮編因應。但危機也使蘇燕輝更積極打造和泰第二隻腳。1984 年，總算突破政策保護限縮國產車產能困境，日台合資的國瑞汽車正式在台營運，在進口車及國產車雙引擎助攻下，和泰汽車業績快速成長。

四、組織改造、健全財務、跨足進口高級房車

但隨事業版圖快速擴充，當所有人仍沈浸在成功的喜悅中，蘇燕輝董事長再次嗅到警訊。對內，經銷商因擴張過快，財務槓桿高，猶如不定時炸彈，隨時可能引爆；對外，國產裕隆汽車也帶來競爭壓力。內外交迫下，1997 年，和泰汽車 50 週年，蘇燕輝將改革大刀揮向自己，和泰汽車全面啟動「組織構造調整」計劃。

蘇純興總經理回憶，當時，父親蘇燕輝除了要求經銷商，自有資金一定要超過資本額 50%，健全財務體質外，也說服日本豐田，每年推出新款，並引進高級車種 LEXUS（凌志）。蘇純興 26 歲自 MIT（美國麻省理工大學）畢業返台後，在財務部、生產工廠國瑞歷練後，就被安排到第一線 LEXUS 打仗。年輕的他，大膽顛覆傳統思惟，捨棄過往店中店模式，大開 LEXUS 高級獨立品牌店，更首創 24 期零利率，接連創舉，引起市場側目。他果然沒讓和泰汽車失望，LEXUS 在台灣一戰成名，讓 TOYOTA 跨足高級房車市場。2010 年，蘇純興接任總經理迄今。

五、居安思危：轉型邁向移動服務發展

「2022 年將會是我們最辛苦、最不確定的一年；面對未來快速變化的環境及市場，和泰汽車必須變得更靈活才行。」危機隨時都可能降臨，蘇純興總經理積極為和泰汽車打造一張又一張的防護網，例如從汽車本業延伸的「和潤公司」、租賃的「和運公司」、車聯網「車美仕公司」、叫車的「yoxi 公司」等子公司，都是獨霸一方的小金雞。

「改革」早已成為日常的和泰汽車，2021 年，迎來股價及市值翻漲豐收。愈站上高峰，愈要「居安思危」及「居高思危」。蘇純興總經理表示，轉型 MaaS，從賣車到販售「移動服務」，是一場無法預見終點，看不到終點盡頭的漫長之路。但既已是趨勢，躲不了，就去做吧。與其「被革命」，不如自己來，至少能「操之在我」。蘇純興總經理要帶領和泰汽車，往百年邁進。

和泰汽車：經營績效創新

1
汽車市占率：
30%

2
年營收：
2,300 億元

3
股價：
760 元

4
企業總市值：
3,300 億

居安思危、居高思危

和泰汽車：從賣汽車轉到移動服務

從單純代理
賣汽車

・轉向到移動服務
・和潤、和運、yoxi……
等子公司成立。

問題研討

一、請討論和泰汽車的經營績效如何？

二、請討論和泰汽車為何要從銷售汽車轉型到移動服務？成果如何？

三、請討論和泰汽車成立 75 年的發展歷史如何？

四、總結來說，從此個案中，您學到什麼？

個案 38 台達電：
成功轉型，讓企業市值翻三倍成長

一、優良經營績效

位列台灣電源與工業自動化大廠，創業度過 50 年的台達電公司，在 2021 年度，年營收大幅成長 11%，突破 3,100 億元，企業市值則翻漲三倍，衝上 7,000 億元，排行台股企業市值前十大。台達電布局多年的電動車技術已成熟，未來十年，將迎接跳躍式成長。台達電公司股價也突破 300 元。

二、轉型，始於一場危機

2009 年時，台達電公司遭遇創立以來首度營收衰退。鄭平執行長表示：「這對集團的未來，無疑是一記當頭棒喝的警訊。」鄭平執行長回憶當時，擺在眼前的現實是，不論是占台達電營收超過六成的筆電電源供應器等市場，或是主要客戶，都面臨成長停滯，甚至衰退的挑戰。當時已能預見，再不轉型，台達電恐將跟著市場一起萎縮，最終消失。

三、首部曲：品牌元年，從硬體化工轉向系統服務

為找活路，台達電緊急啟動一連串的轉型計劃。當時決定發展品牌，從代工轉向提供系統整合服務。轉型首戰成功與否，品牌長至為關鍵，鄭平當時主動請戰，扛下這個重責大任。當時，鄭平已是集團營收最大能源事業群總經理，卻願意接任新設品牌長，承擔轉型成敗，讓團隊欽佩。

四、二部曲：梯隊接班，聚焦三大核心

轉型梯隊就定位後，2012 年，喊了十七年想退休的鄭崇華創辦人正式交棒，由海英俊接任董事長，兒子鄭平接任集團執行長。鄭平執行長形容，台達電轉型方向早已確認，例如：發展電動車、智慧製造、工業自動化等，但如何落實執行？過去台達電產品上千種，鄭平聚焦四大主軸後，大刀一揮，砍除太陽能等主軸外的事業，毫不遲疑。除了修剪枝葉，鄭平也把過去獨立出去的子公司，全都整併回台達電這艘大艦隊，以利轉型。他形容，光是這些轉型的基礎建設，就花了四、五年。

跟所有電子代工一樣，台達電前 30 年，隨著規模不斷擴大，利潤中心制是最有效的管理；但各獨立子公司過於本位主義，對於想轉型系統整合服務的台達

電，無疑是致命傷。例如：客戶想要電動車系統服務時，得自行跟數個不同窗口溝通。

五、三部曲：打掉重練，重組大艦隊挺過風浪

鄭平執行長決定導入 IBM 公司的新事業群模式，以電動汽車、工業自動化等系統服務為主軸，劃分為八大事業群。2017 年，鄭平執行長與經營團隊啟動台達電第二次組織再造，沒想到，這一次，卻捲起另一場風暴與危機。對內，核心高層去職，無疑是壓倒駱駝的最後一根稻草，讓早已因研發與營業費用不斷升高，卻遲遲看不到獲利，失去耐心的法人持續拋售持股，對台達電的未來，投下不信任的一票。

鄭平執行長也坦言，轉型改革之路，吵架、衝突未曾間斷。董事會也不斷質疑，這樣做到底行不行？何時才能獲利？壓力排山倒海，鄭平也曾有過求去念頭，但預見未來，以及對台達電的責任，讓他決定堅持下去。取得公司高階小組共識後，鄭平執行長挺過逆風，邊做邊調整。轉型成功的另一個關鍵，是創新。「安不忘危」早已是深植台達電 50 多年的 DNA。鄭平執行長曾自評，永遠不可能突破 85 分，原因是，他永遠預留 15 分打掉重練，以尋找下一個成長動能，他每年提撥年度總營收 8% 以上金額，投入創新研發。

六、結論

熬過轉型危機與風暴，鄭平執行長讓台達電轉骨，並植入「創新」與「強韌」二個 DNA，短短三年，企業市值從 3,000 多億成長，突破 7,000 億，並擠進台股市值前十大，重回市場關注焦點。面對股價翻漲，鄭平執行長一如既往的「淡定」，他說，比起市值，他更在乎 ROE（股東權益報酬率），未來 ROE 目標是20%。回首漫長十年轉型路，儘管過程中，滿是驚濤駭浪，但台達電最終繳出亮眼成績單，挺過風雨的台達電，正火力全開，加速前行。

台達電：優良經營績效

① 年營收：
3,100 億

② 企業總市值：
7,000 億
（台灣前 10 大）

③ 股價：
300 元

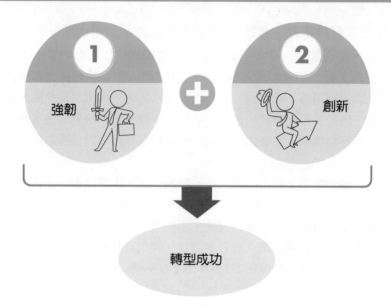

台達電：轉型十年的二項 DNA

① 強韌 ＋ ② 創新

轉型成功

問題研討

一、請討論台達電公司的優良經營績效？

二、請討論台達電為何要展開轉型？為什麼？

三、請討論台達電如何轉型？最後成果如何？

四、請討論台達電轉型的二項 DNA 為何？

五、總結來說，從此個案中，您學到什麼？

個案 39 P&G（寶僑）：
全球最大日用消費品公司的行銷祕訣

一、公司簡介

美國 P&G 公司創立於 1837 年，迄今已有 180 多年的歷史，P&G 現在是全球最大的日常消費品公司，年營收額高達 500 億美元，旗下品牌近 100 多種，行銷全球 160 多國，服務近 50 億消費者。其所包含的行業別有美容保養品、婦女衛生、嬰兒、健康用品、零食等；旗下知名品牌則包括飛柔、潘婷、海倫仙度絲、沙宣、好自在、幫寶適、歐蕾、品客、SK-II、吉利刮鬍刀……等。

二、品牌經營為核心要務

長久以來，P&G 一直在產品的研發、製造以及行銷上居於全球領導地位，尤以行銷的優異表現最為人所稱道。1931 年，P&G 就成為品牌管理制度的先驅者及擁護者，其行銷運作也隨之轉變成以品牌為核心的操作；這個制度一直沿用至今，已成為 P&G 最大的特色。P&G 公司經由品牌經理全權負責品牌經營的制度，鼓勵內部良性競爭，而達到提升員工士氣與公司績效的雙重利益，品牌經營已然成為 P&G 最核心的事務。

品牌幾乎可以說是 P&G 的一切，在 P&G 的任何會議或討論裡，只要是違反品牌資產的決策都會遭到強烈的反對，行銷人員最大的使命與任務，就是如何建立、維繫、強化品牌的生命。基於對品牌經營與品牌資產的重視，P&G 的任何行銷決策除了短期效應外，更會評估其長期衝擊；不會只為了短期近利，而忽視對品牌可能產生的長期不利影響。

三、品牌管理的 6 大守則

P&G 公司訂下對品牌管理的守則有如下 6 要點：

1. 品牌績效的好壞，攸關企業的興衰成敗。
2. 品牌管理的重點在於對品牌資產與品牌形象的建立、維繫、延續及強化。
3. 信守品牌承諾、全員投入、以及維持一致性，是維持品牌形象與品牌資產的三個基本原則。因此，雖然有品牌人員專責負責品牌管理，但維護品牌形象與品牌資產，是人人有責。
4. 品牌是 P&G 立足市場的重要優勢與利器，所有人均應好好珍惜這個寶貴資產，並讓它有效發揮。

5. 品牌管理重一時，也重千秋，切不可棄長就短，只圖眼前利益。

6. 品牌管理需要見樹觀林，不可因個別品牌的利益，傷害到其他品牌或公司整體的利益，必須以大局為重。

四、導向的 3 大守則

P&G 一向非常顧客，因此，訂下以下 3 點守則：

1. 顧客才是真正的老闆，顧客滿意是大家應該共同關切的焦點，更是重要的資產，決定企業的興衰成敗，顧客滿意，人人有責。

2. 以行銷觀念為指導哲學，公司的策略著重在滿足顧客需求，努力落實「顧客所欲，常在我心」的操作觀念。

3. 所有決策均以對顧客權益與滿意的影響為中心，積極發掘並滿足顧客的需求，提供更好的顧客價值，才能從競爭者手中贏得顧客的芳心。

五、投入高額研發經費

P&G 自從公司成立以來，就一直對產品的研發非常重視，現在，其研發經費大約占其全年營收額的4%左右，在全球各地共有30個研發中心，並聘有8,000名的研發人員，其中約有 1,500 位博士。這樣的投資，使 P&G 的研發創新能力，穩居同業之冠。此外，每年，P&G 在全世界也獲准專利權超過 3,000 件。P&G 除了自己的研發之外，也廣泛和外部的大學研究中心、研發工作室、國家研究中心等建立密切的合作關係。藉由內外兼顧的研發策略，使 P&G 能夠在市場上不斷推出令人驚喜的創新，鞏固其市場領導地位。

六、創新為成功之母

P&G 在產品經營上，也一定是先開發出好的產品，經由研究測試過市場接受度之後，才會運用行銷操作加以推廣。這種「好的產品先，而行銷操作後」的觀念，是 P&G 創新策略的最高指導原則。創新策略才是 P&G 立足市場的根本源頭，唯有源源不斷、且能滿足消費者需求的產品創新，行銷策略才有真正用武之地。P&G 的創新策略也不是純粹以技術為導向的，而是以市場需求為導向的，也就是以對消費者的了解為基礎，據以找到符合市場需求的創新之道。P&G 認為，創新是同時考量消費者需要與技術可行性的混合創新。

七、市調＋消費者研究部，抓住消費者的心

為了加強對市場及消費者的了解，P&G 的研發部門也要從事市調工作，以確保研發部門不會與市場脫節。在 P&G 研發中心裡，除了技術單位外，還設置消費者行為研究部，負責深入了解消費者的行為習慣、購買決定、消費需求、產

品評價,以及社會變化趨勢……等。

此外,研發人員也會到受訪者家裡進行「家庭訪視」(home visit),以進行深入的觀察,實際了解消費者的生活習慣及使用狀況。另外,有時候也會把新產品留置在消費者家中試用,一段時間後,再回到消費者家裡了解新產品試用狀況、滿意與否,以及有何需改善……等。

八、深耕經營大型零售通路

1997 年,P&G 將業務部門重新命名為「客戶業務發展部」(Clint Business Development,簡稱 CBD),這裡的客戶,就是指大型、連鎖的大零售商,這些都是 P&G 產品要上架銷售的重要場所。重新定位後的 CBD,有下列四個努力方向:

1. 幫助大型零售商選擇銷售 P&G 的產品。
2. 幫助大型零售商管理產品陳列空間及庫存。
3. 建議大型零售商合適的定價,幫助他們獲利,並增加業績。
4. 幫助大型零售商設計有效的行銷手法以吸引顧客,並增加銷售量。

P&G 塑造 CBD 的專業形象,讓大型零售商感覺 P&G 是跟他們站在同一戰線的合作夥伴,會隨時關切他們的效率高不高、業績好不好、貨架應如何管理、品項應如何選擇、庫存量高或低,以及物流配送的效率問題……等。

九、經營管理的 4 項指導原則

P&G 在談論品牌經營之前,有重要的四項經營管理指導原則(guiding principles),如下四項:

(一)消費者至上原則:

「消費者至上」早已成為 P&G 企業文化的一環,並成為所有員工日常工作的一種習慣及態度,唯有以此為基礎,才有可能有效落實品牌經營,否則一切只是空談。

(二)發展優異產品:

P&G 投注心力在產品研發,希望不斷推出帶給顧客真正價值的優異產品。

(三)創造獨特品牌:

P&G 一向就堅信品牌的威力,而且品牌應該塑造出獨特的形象,與消費者建立情感與信賴的連結,進而與競爭品牌有所區隔。

(四)放眼未來:

P&G 認為品牌本身必須充滿活力與生命力,並與時俱進,因為品牌運作目

的並非為了短暫的榮景，而是要長遠永續的經營。

十、人才，是企業最寶貴的資產

P&G 堅信，人才是企業最寶貴的資產，也是企業競爭力的根本來源，如果沒有源源不斷為公司整體利益奮戰不懈的優秀人才團隊，P&G 如何能持續在市場稱霸？又如何能維持其行銷王國？

十一、品牌經理人的基本功，計有 12 項

P&G 規定品牌經理人必須學好下列的 12 項基本功：

1. 資料分析能力
2. 促銷能力
3. 行銷活動的執行能力
4. 對消費者了解
5. 對通路了解
6. 財務分析能力
7. 溝通能力
8. 文案發展能力
9. 媒體規劃能力
10. 行銷計劃能力
11. 多功能領導能力
12. 部屬人員發展能力

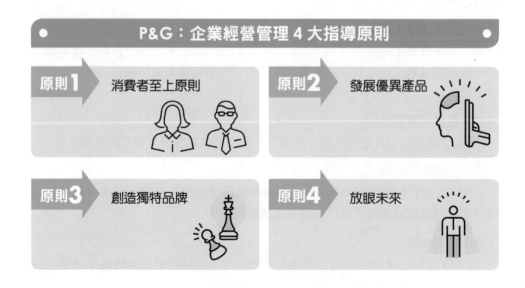

P&G：企業經營管理 4 大指導原則

原則 **1** 消費者至上原則

原則 **2** 發展優異產品

原則 **3** 創造獨特品牌

原則 **4** 放眼未來

P&G：3大核心要務

品牌經營與品牌管理

深耕大型連鎖零售商客戶

滿足顧客需求抓住消費者的心

行銷關鍵字學習

1. 品牌經營為核心要務
2. 品牌管理 6 大守則
3. 顧客導向 3 大守則
4. 顧客所欲，常在我心
5. 所有決策以顧客滿意為主
6. 堅持投入高額研發經費
7. 創新為成功之母
8. 創新策略才是 P&G 立足市場的根本源頭
9. 市調＋消費者研究部，抓住消費者的心
10. 深耕經營大型零售通路
11. 消費者至上原則
12. 發展優異產品
13. 創造獨特品牌
14. 人才，是企業最寶貴的資產
15. 品牌經理人的基本功

問題研討

一、請討論 P&G 企業經營管理 4 大指導原則為何？

二、請討論 P&G 3 大核心要務為何？

三、請討論 P&G 品牌管理的 6 大守則為何？

四、請討論如何堅持投入高額研發經費？以及為何？

五、請討論 P&G 對創新的看法為何？

六、請討論 P&G 研發部門如何了解消費者的需求？

七、請討論 P&G 如何深耕經營大型零售通路？

八、請討論 P&G 認為品牌經理人，須具備那些基本功？

九、總結來說，從此個案中，您學到什麼？

個案 40 和泰汽車：
推輕型商用車品牌，後發先至，順利成功創新之道

一、上市第一年，即成功

在 2022 年度，和泰汽車（TOYOTA）經過五年研究及思考，終於推出它的第一款輕型商用車及廂型車，品牌名稱為「TOWN ACE」；結果一炮而紅，在 2022 年搶下 40%高市占率，使得原先獨占的中華菱利商用車，從市占率 90%下滑到 60%。並且，在 2023 年 1 月份，和泰汽車的 TOWN ACE 銷售市占率更向上攻下 60%之高，使中華商用車下跌到 40%。此舉顯示，TOYOTA 的輕型商用車品牌後發先至，成為極佳成功案例。

二、產品力策略

和泰 TOYOTA 汽車原先都是推出一般性轎車，現在則是推出第一款輕型商用車。由於過去 TOYOTA 汽車的堅強研發及製造汽車的實力，延伸到輕型商用車，使用此次推出的「TOWN ACE」品牌車，展現高度耐用性、實用性、品質更好、市場口碑好，更適合輕型商用車主用途，因此，一推出就有好評傳出，使得 2023 年 1 月市占率，就上衝到 60%，擊敗十多年來的第一名中華輕型商用車，實屬不易。可以說，產品力是 TOYOTA 輕型商用車在國內上市成功的最根本力所在。

三、定價策略

和泰汽車的輕型商用車，定價在 48 萬～ 52 萬元之間，與競爭對手中華菱利車價格相近似，可說很有競爭力。在品質更好狀況下，很多車主自然選買和泰的 TOWN ACE。

四、通路策略

和泰汽車全台有 180 個經銷店的銷售據點，比中華車的據點更普及，再加上既有經銷店的銷售人力團隊，因此，在接待購買車主及解說上都沒有問題，可說是掌握既有的銷售通路優勢。

五、廣宣策略

和泰的 TOWN ACE 輕型商用車大膽第一年投入 1 億元做電視廣告，大量曝

光品牌知名度及印象度，也大大打響 TOWN ACE 的品牌力，其廣告聲量大大超越原先第一名的中華菱利車。和泰 TOWN ACE 第一年銷售量達 1 萬輛，平均單價 48 萬，年銷售額達 48 億元，提出 2％的電視廣告費，即是近 1 億元，足夠大大曝光 TOWN ACE 的品牌知名度。

六、製造策略

　　和泰的輕型商用車，是委由在桃園中壢的國瑞汽車廠所製造的；該工廠是由和泰及日本豐田公司所合資設立的。因此，和泰的 TOWN ACE 商汽車，完全可以符合台灣貨運及物流運送的在地化需求而設計及製造。

問題研討

一、請討論和泰輕型商用車 TOWN ACE 第一年上市後的銷售結果如何？

二、請討論和泰輕型商用車的產品策略、定價策略及通路策略如何？

三、請討論和泰輕型商用車 TOWN ACE 的廣宣策略如何？製造策略如何？

四、總結來說，從此個案中，您學到什麼？

第三篇
總結篇

一、創意必須是可實現的、可賺錢的，才是好創意。

二、企業面對外在大環境與競爭者的激烈變化及競爭，唯有掌握九字訣，才能勝出：「求新、求變、求快、求更好」。

三、我堅持一定要創新，不然，寧可不做。

四、要保持對產品不斷精進、升級、增值及創新的堅持。

五、要將創新融入組織的企業文化內，成為公司必備的 DNA。

六、要持續投入研發創新，推出更多高附加價值產品出來。

七、我們拜訪海外客戶（B2B），都在告訴他們，我們的「創新能力」及「研發能力」在那裡，使他們更加信賴我們的能力。

八、我們企業的新口號是：「創新不止，美好不息。」

九、創新思維，只為更好。

十、不創新，就等死。

十一、秉持求知若渴精神，勇敢創新，並積極回應客戶（B2B）需求。

十二、不斷創新＋與時俱進。

十三、要為今天及未來，不斷創新及推陳出新。

十四、要容忍在創新過程中的一些錯誤，這是必要的學習成本。

十五、公司全體員工都可以提出新創意及新點子，為公司產品創新帶來新幫助。

十六、一定要改變、一定要轉型、一定要更創新。

十七、要大步向前邁進，永不再回頭，永不再走回頭路，因為，走舊路，到不了新地方。

十八、做行銷，要引領新風潮，創造更大市場與更多新需求。

十九、我們的價值，就在於提供快速的研發創新及創意能力。

二十、我們堅持不斷創新，超越自己。

二十一、當客戶（B2B）提出新需求時，往往我們都已研發好了，提前等在那裡。

二十二、在困境中，要持續投資、練兵及創新突圍。

二十三、在任何危機中，要不停止探索任何可能性及創造性。

二十四、創意不可執行、不能賺錢，就不是一個好創意。

二十五、日本花王之強，花王創新的 5 大源泉：創造力、技術力、人才力、品牌力、企業文化力。

二十六、「價值創造」的 4 個資本來源：人才資本、財務資本、IP 智產權資本，以及製造設備資本。

二十七、「Think Global, Action Local.」（思維全球化，行動在地化。）

二十八、「研發」＋「行銷」，是公司再成長 2 條生命線。

二十九、企業價值創造的 6 個基柱能力：技術力、製造力、SCM 力（供應鏈力）、財務資金力、行銷力、人才力

三十、任何企業經營，勿忘兩個核心：「創造」＋「革新」。

三十一、美國 AMD（超微）公司訂定一天「AMD 創新日」。

三十二、不創新，就等死；如果你害怕新事物，就不可能有創新。

三十三、別只做穩健、打安全牌的事，要做創造卓越的事。

總結 2　成功落實「企業創新戰略管理」的 71 個最核心概念及關鍵字

1. 創造公司更高價值
2. 高值化創新經營
3. 價值型經營
4. 未來事業成長創新經營
5. 十年布局計劃
6. 公司價值鏈各環節價值提升
7. 全公司創新戰略推進委員會
8. 戰略創新＋營運力創新並發
9. 新產品開發創新
10. 技術創新領先
11. 全球研發中心（Global R&D Center）
12. ESG 永續經營創新
13. 中長期 R&D 研發創新
14. 推進大變革創新計劃
15. 人才資本價值創新
16. 經營戰略與布局創新計劃
17. 行銷創新計劃
18. 戰略創新與戰術創新兩者並進
19. 創新必以顧客需求為核心點
20. 會員經營創新計劃
21. 提升全公司創新的「組織能力」
22. 幕僚支援價值創新（功能性價值創新）
23. 打造全員創新的企業文化、組織文化
24. 對創新成果與功勞，加重獎賞與激勵
25. 量的創新與質的創新
26. 抓穩創新的方向、重點、策略與主題
27. 創新必須與外部大環境變化及趨勢相互契合及跟上

28. 定期考核各部門的創新績效成果

29. 掌握創新成功的關鍵要素

30. 創新是公司全體人員的共同責任與使命

31. 築起技術高牆，永保領先

32. 打造出公司在不斷創新領域的競爭優勢

33. 從創新觀點，思考中長期 10 年布局計劃

34. 成長戰略規劃與超前部署計劃

35. 技術創新，才是一切競爭力基礎

36. 落實創新的 P-D-C-A 管理循環

37. 新商品開發創新，可以邊做、邊修、邊改、邊調整，直到完美

38. 創新，就是要積極挑戰過去沒有的東西，而且永遠堅定向前進

39. 創新，要能夠抓住顧客的心

40. 不能創造營收及獲利的創新，就不是成功的創新

41. 每年底要舉行一次「創新年度表揚大會」

42. 既有事業再深耕、再創新、再成長

43. 往新事業領域，追求新的創新成長

44. 改良式創新與全新式創新

45. 著重在最根本的「產品力」創新

46. 創新可行性的評估

47. 創新不追求個人英雄，而要團隊合作

48. 創新要藉助公司內部及外部所有協助資源

49. 打造出「最會創新」的公司

50. 「多品牌、多價位」創新成功策略

51. 檢討「事業經營組合」的創新與革新

52. 不同產業有不同的創新重點所在

53. 節慶促銷活動，已成行銷創新及業績提升的重要成果

54. 創新應無所不在，創新是全體員工的必要觀念及行動

55. 創新不能拖拖拉拉，要講求快速性、敏捷性及靈活性

56. 如何留住 R&D 研發創新好人才

57. 創新人才的招聘、活用、獎勵、及留住，是公司人資工作的重點

58. 積極推動大型零售公司的 PB（自有品牌）產品創新任務

59. 服務創新可帶來顧客好的口碑

60. 每個部門都必須提報每個年度的「創新計劃報告書」

61. 面對創新的可能失敗，領導人要給予容忍，因為這是學習成本

62. 創新，不是每一次都第一次就成功的，而是逐步、逐次的改良、調整、前進，最後才會成功的

63. 要對每個部門的創新績效成果，進行定期年度考核，以確保創新工作每一年都有好成績

64. 品牌年輕化的創新工作，對常保品牌高價值帶來很大助益

65. 公司要建立一套可長、可久、可大的創新機制與創新制度，按制度長久走下去

66. 創新的代名詞，就是：不斷的革新、改變、變革、變化、及求新求變

67. 創新才能帶來公司永遠在「與時俱進」、「成長與進步」的正確大道上

68. 唯有「創新經營」，才是根本王道

69. 公司對創新績效成果好壞，要做到賞罰分明，才能支撐住創新的企業文化形成

70. 高科技公司適用政府《產業創新條例》的投資抵減優惠獎勵

71. 企業永保百年基業與長青經營的關鍵，就在：「永遠在創新的大道上」

國家圖書館出版品預行編目(CIP)資料

超圖解創新戰略管理 / 戴國良著. －－初版.
－－臺北市：五南圖書出版股份有限公司,
2024.06
　面；　公分
ISBN 978-626-393-311-8 (平裝)
1.CST: 企業管理 2.CST: 策略管理 3.CST: 創意
494.1　　　　　　　　　113005768

1FSZ
超圖解創新戰略管理

作　　　者 ― 戴國良

發 行 人 ― 楊榮川

總 經 理 ― 楊士清

總 編 輯 ― 楊秀麗

副 總 編 輯 ― 侯家嵐

責 任 編 輯 ― 侯家嵐

文 字 校 對 ― 陳威儒

內 文 排 版 ― 張淑貞

封 面 完 稿 ― 姚孝慈

出 版 者 ― 五南圖書出版股份有限公司

地　　　址：106臺北市大安區和平東路二段339號4

電　　　話：(02)2705-5066　　傳　　真：(02)2706-61

網　　　址：https://www.wunan.com.tw

電 子 郵 件：wunan@wunan.com.tw

劃 撥 帳 號：01068953

戶　　　名：五南圖書出版股份有限公司

法 律 顧 問：林勝安律師

出 版 日 期：2024年6月初版一刷

定　　　價：新臺幣480元

經典永恆・名著常在

五十週年的獻禮——經典名著文庫

五南，五十年了，半個世紀，人生旅程的一大半，走過來了。

思索著，邁向百年的未來歷程，能為知識界、文化學術界作些什麼？

在速食文化的生態下，有什麼值得讓人雋永品味的？

歷代經典・當今名著，經過時間的洗禮，千錘百鍊，流傳至今，光芒耀人；

不僅使我們能領悟前人的智慧，同時也增深加廣我們思考的深度與視野。

我們決心投入巨資，有計畫的系統梳選，成立「經典名著文庫」，

希望收入古今中外思想性的、充滿睿智與獨見的經典、名著。

這是一項理想性的、永續性的巨大出版工程。

不在意讀者的眾寡，只考慮它的學術價值，力求完整展現先哲思想的軌跡；

為知識界開啟一片智慧之窗，營造一座百花綻放的世界文明公園，

任君遨遊、取菁吸蜜、嘉惠學子！